AIGC与大模型技术丛书

OpenVINO™ 工具套件权威指南

轻松实现AI模型的优化和部署

武 卓 李翊玮 张 晶 ◎ 编著

本书旨在帮助开发者应对 AI 推理计算性能优化这一重要挑战。随着深度学习模型的规模和复杂性日益增长，如何提升推理效率已成为开发者关注的核心问题。本书详细介绍了 OpenVINO™（Open Visual Inference and Neural Network Optimization）这款由英特尔推出的、专为深度学习模型的优化、加速推理和跨平台部署设计的开源工具套件。通过简单易用的功能，开发者可以快速上手，实现 AI 应用的高效落地。

本书涵盖了从 OpenVINO 的基础入门到高级优化的完整内容，包括设备插件、量化技术、大语言模型和生成式 AI 的优化与部署等，帮助开发者灵活应对不同应用场景的需求。此外，书中还介绍了端到端 AI 推理计算性能提升的实战案例，以及与 PyTorch、ONNX Runtime 等工具的集成，确保开发者在熟悉的环境中提升开发效率。书中代码获取方式见前言。

本书不仅适合 AI 领域的初学者，也为有经验的开发者提供了深入的技术指南。通过 OpenVINO，开发者可以轻松提升 AI 推理计算性能，加速 AI 应用项目的成功落地。

图书在版编目（CIP）数据

OpenVINO™工具套件权威指南：轻松实现 AI 模型的优化和部署 / 武卓，李翊玮，张晶编著. -- 北京：机械工业出版社，2025.3. -- （AIGC 与大模型技术丛书）.
ISBN 978-7-111-77729-8

Ⅰ. TP311.561-62

中国国家版本馆 CIP 数据核字第 2025K2G547 号

机械工业出版社（北京市百万庄大街 22 号　邮政编码 100037）
策划编辑：张淑谦　　　　　　责任编辑：张淑谦　马　超
责任校对：韩佳欣　张亚楠　　责任印制：刘　媛
河北京平诚乾印刷有限公司印刷
2025 年 4 月第 1 版第 1 次印刷
184mm×260mm · 12.5 印张 · 280 千字
标准书号：ISBN 978-7-111-77729-8
定价：79.00 元

电话服务　　　　　　　　　　网络服务
客服电话：010-88361066　　　机　工　官　网：www.cmpbook.com
　　　　　010-88379833　　　机　工　官　博：weibo.com/cmp1952
　　　　　010-68326294　　　金　书　网：www.golden-book.com
封底无防伪标均为盗版　　　　机工教育服务网：www.cmpedu.com

前　言

在当前人工智能迅猛发展的背景下，如何提升 AI 应用的推理计算性能已成为开发者面临的重要挑战。随着模型规模的不断扩大和复杂度的增加，如何有效地优化推理速度和性能，已经成为实现高效 AI 应用的关键因素之一。为此，本书旨在为开发者提供一份全面且实用的 OpenVINO 工具套件权威指南，帮助大家充分利用这一强大的工具。

OpenVINO^{TM} 是英特尔推出的一款针对深度学习模型优化、推理加速以及快速部署的开源工具套件，旨在提升深度学习模型的推理效率以及跨平台部署速度。其简单易用的特点使得开发者能够快速上手，从而专注于 AI 应用的创新与实现。本书将从 OpenVINO^{TM} 的快速入门开始，系统介绍其核心组件和工具，通过一个同步推理程序的编写示例，你将发现 Open-VINO^{TM} 是如何简化复杂的推理过程，使 AI 模型的部署变得更加高效的。

OpenVINO 的一个重要特点是能够显著提升 AI 模型的推理计算性能。在第 2 章，我们将深入探讨如何通过 OpenVINO 提供的优化工具来提升 AI 模型的推理计算性能。这里主要指的是提升 AI 模型单纯的推理计算性能，不包含数据预处理和后处理等处理步骤。这里介绍了设备插件、性能提示、自动批处理、模型缓存、线程调度等工具，开发者可以根据具体应用场景灵活运用。这些优化技术不仅提高了推理速度，也为开发者提供了更高的灵活性和可控性。

在第 3 章，我们将重点介绍 OpenVINO 中最重要的模型优化工具——神经网络压缩框架（NNCF），尤其是其中的训练后量化技术。这一技术能够简单快速地对模型进行量化压缩，显著减少模型大小，提高推理速度，同时保持模型的准确性。通过基础量化以及带精度控制的量化两个具体的实例，帮助开发者详细了解训练后量化技术的使用方法，方便实现更高效的模型部署。

第 4 章聚焦 AI 推理的端到端性能，包括数据采集、数据预处理、AI 推理计算和数据后处理的整体性能。通过详细的步骤以及基于 YOLOv8 编写的异步推理范例，开发者能够快速掌握提升端到端 AI 推理计算性能的方法，确保你的 AI 应用能够以最佳性能运行。在本章，还提供了多路视频流并行推理的编写示例，帮助读者更好地理解和实际落地应用这些技术。

随着 OpenVINO 生态系统的不断扩展，第 5 章将深入探讨与多种编程语言的集成，包括作为推理后端与 PyTorch 2.×、ONNX Runtime、LangChain、Optimum Intel 等的集成。这意味着开发者能够在熟悉的环境中轻松实现高效的 AI 应用，降低了学习曲线，提升了开发效率。本章还将介绍 OpenVINO 的 C/C++ API、JavaScript API、C# API、Java API、LabVIEW API 等，使得不同背景的开发者均能找到适合自己的开发方式。

作为 AI 落地应用中的重要使用场景——异常检测，在 OpenVINO 生态中还有一个专门针对此任务的开源无监督异常检测库，即 Anomalib。第 6 章为开发者详细介绍了 Anomalib 的关键组件、工作流程以及如何搭建端到端的异常检测算法的流程，帮助开发者在实际应用中实现高效可靠的异常检测，增强 AI 应用的实用性。

近两年生成式 AI 大模型的发展进入了爆发式的增长时期。第 7 章和第 8 章将分别针对大语言模型以及视觉生成式 AI 大模型中的文生图模型 Stable Diffusion，介绍其典型结构，以及如何利用 OpenVINO 的多种方式优化模型、建立推理流水线以及加快模型的推理速度和实现快速部署。这一部分内容将为希望在生成式 AI 领域有所作为的开发者提供丰富的理论与实践指导。

本书的编写过程中，得到了众多英特尔创新大使的大力支持与贡献。他们在本书的编写过程中提供了宝贵的见解和建议，使得内容更加丰富和实用。感谢张海刚和冯浩贡献"5.6 OpenVINO™ C/C++ API"一节，感谢涂小丽贡献"5.7 OpenVINO™ JavaScript API"一节，感谢颜国进贡献"5.8 OpenVINO™ C# API"一节，感谢黄明明贡献"5.9 OpenVINO™ Java API"一节，感谢王立奇贡献"5.10 OpenVINO™ LabVIEW API"一节，衷心感谢褚建琪大使在 EdgeX 与 OpenVINO 整合项目中的宝贵贡献。感谢他们的不懈努力，让本书能够更好地服务于广大开发者。

希望本书能为广大开发者提供有价值的参考与指导，助力他们在 AI 领域的探索与创新。通过 OpenVINO，开发者将能轻松地实现高效的 AI 推理，推动基于 AI 应用的项目走向成功。无论你是 AI 领域的初学者，还是有经验的开发者，本书都将为你提供切实可行的解决方案，助你在人工智能的旅程中不断前行。

本书的 GitHub 代码仓：https://github.com/openvino-book/openvino_handbook.git。

衷心感谢 Intel 开发者关系团队的创新大使计划，它让技术与产业得以紧密融合。特别鸣谢 Preethi P. Raj、Pooja Baraskar 和 Dmitriy Pastushenkov 在全球大使合作中的杰出贡献。

目　　录

前　言
第 1 章　OpenVINO™ 工具套件快速入门 ·· 1
1.1　OpenVINO™ 工具套件简介 ··· 1
1.2　OpenVINO™ 常用工具和组件 ··· 2
1.3　搭建 OpenVINO™ Python 开发环境 ···································· 3
1.4　使用 OpenVINO™ Model Converter 转换模型 ·················· 4
1.4.1　OpenVINO™ IR 模型 ·· 4
1.4.2　使用 OVC 转换模型 ··· 4
1.5　使用 benchmark_app 评估模型推理计算性能 ·················· 5
1.6　编写 OpenVINO™ 同步推理程序 ······································· 6
1.6.1　OpenVINO™ 同步推理程序典型流程 ···················· 6
1.6.2　创建 Core 对象 ·· 7
1.6.3　读取并编译模型 ·· 8
1.6.4　获取图像数据 ·· 8
1.6.5　数据预处理 ·· 9
1.6.6　执行 AI 推理计算并获得推理结果 ························ 10
1.6.7　对推理结果进行后处理 ·· 10
1.6.8　运行完整的推理程序 ·· 11
1.7　本章小结 ··· 11
第 2 章　优化 AI 模型的推理计算性能 ·· 12
2.1　AI 推理计算性能评价指标 ··· 12
2.1.1　AI 模型的推理计算性能 ··· 12
2.1.2　端到端的 AI 程序推理计算性能 ······························ 13
2.2　OpenVINO™ 设备插件 ··· 14
2.2.1　CPU 插件、GPU 插件和 NPU 插件 ························ 14
2.2.2　自动设备选择（AUTO） ·· 15
2.2.3　用代码指定计算设备 ·· 17

V

2.3 性能提示（Performance Hints） 17
2.3.1 LATENCY（延迟优先） 18
2.3.2 THROUGHPUT（吞吐量优先） 18
2.3.3 CUMULATIVE_THROUGHPUT（累计吞吐量） 19
2.3.4 用代码配置性能提示属性 21
2.4 计算设备的属性 21
2.4.1 获得属性 22
2.4.2 设置属性 22
2.5 推理请求数量（Number of Infer Requests） 23
2.5.1 最佳推理请求数 24
2.5.2 用代码设置推理请求数 25
2.6 自动批处理（Automatic Batching） 25
2.6.1 启用自动批处理 26
2.6.2 设置批尺寸 26
2.6.3 设置自动批处理超时 27
2.7 模型缓存（Model Caching） 27
2.8 线程调度（Thread Scheduling） 28
2.9 共享内存（Shared Memory） 29
2.9.1 输入共享内存 29
2.9.2 输出共享内存 30
2.10 编写带属性配置的 OpenVINO™ 同步推理程序 30
2.10.1 创建推理请求对象 31
2.10.2 阻塞式推理计算方法：infer() 32
2.10.3 基于 YOLOv8-cls 分类模型的同步推理程序 32
2.10.4 基于 YOLOv8 目标检测模型的同步推理程序 34
2.10.5 基于 YOLOv8-seg 实例分割模型的同步推理程序 36
2.11 本章小结 37

第 3 章 模型量化技术 38
3.1 深度学习中常见的数据类型 38
3.1.1 如何用二进制表示浮点数 38
3.1.2 不同数据类型的存储需求和计算效率 39
3.2 INT8 量化 40
3.3 NNCF 41
3.4 搭建 NNCF 开发环境 42
3.5 基础量化 43
3.5.1 准备 COCO 验证数据集 43
3.5.2 编写转换函数 transform_fn() 45

3.5.3 准备校准数据集 ... 45
3.5.4 调用 nncf.quantize() 函数执行 INT8 量化 ... 46
3.5.5 保存 INT8 量化好的模型 ... 47
3.5.6 测试 INT8 模型性能 ... 47
3.5.7 基础量化小结 ... 50
3.6 带精度控制的量化 ... 50
3.6.1 准备 COCO128 验证数据集 ... 51
3.6.2 编写转换函数 transform_fn() ... 52
3.6.3 准备校准数据集和验证数据集 ... 53
3.6.4 准备验证函数 ... 53
3.6.5 调用 nncf.quantize_with_accuracy_control() 函数执行 INT8 量化 ... 54
3.6.6 保存 INT8 量化好的模型 ... 56
3.6.7 测试 INT8 模型性能 ... 56
3.6.8 带精度控制的量化小结 ... 61
3.7 本章小结 ... 61

第4章 优化端到端的 AI 程序推理计算性能 ... 62

4.1 端到端的 AI 程序推理计算性能 ... 62
4.2 预处理 API ... 63
4.2.1 导出 YOLOv8s IR 模型 ... 64
4.2.2 实例化 PrePostProcessor 对象 ... 64
4.2.3 声明用户输入数据信息 ... 65
4.2.4 声明原始模型输入节点的布局信息 ... 65
4.2.5 定义预处理步骤 ... 66
4.2.6 将预处理步骤嵌入原始 AI 模型 ... 66
4.2.7 保存嵌入预处理的 AI 模型 ... 66
4.2.8 内嵌预处理后的模型性能 ... 67
4.3 torchvision 预处理转换器 ... 71
4.4 使用异步推理提升 AI 程序的吞吐量 ... 73
4.4.1 OpenVINO™ 异步推理 API ... 74
4.4.2 YOLOv8 异步推理范例 ... 77
4.5 使用 AsyncInferQueue 进一步提升 AI 程序的吞吐量 ... 78
4.6 多路视频流并行推理 ... 80
4.6.1 下载无版权视频 ... 80
4.6.2 下载 person-detection-0202 模型并准备前、后处理函数 ... 81
4.6.3 编写推理线程 ... 82
4.6.4 编写显示线程 ... 84
4.6.5 启动多线程 ... 86

4.7 本章小结	87
第 5 章 OpenVINO™ 的编程生态	**88**
5.1 指定 OpenVINO™ 为 PyTorch 2.×后端	88
5.1.1 torch.compile 简介	89
5.1.2 OpenVINO™ 后端	89
5.2 ONNX Runtime 的 OpenVINO™ 执行提供者	91
5.2.1 搭建 ONNX Runtime 开发环境	92
5.2.2 OpenVINO™ 执行提供者范例程序	92
5.3 Optimum Intel 的 OpenVINO™ 后端	94
5.3.1 搭建开发环境	94
5.3.2 用 optimum-cli 对 Qwen2-1.5B-Instruct 模型进行 INT4 量化	94
5.3.3 编写推理程序 qwen2_optimum.py	95
5.4 LangChain 的 OpenVINO™ 后端	97
5.4.1 LangChain 支持 OpenVINO™ 后端	97
5.4.2 编写推理程序 qwen2_langchain.py	98
5.5 vLLM 的 OpenVINO™ 后端	99
5.5.1 搭建 OpenVINO™+vLLM 开发环境	99
5.5.2 vLLM 的范例程序	100
5.6 OpenVINO™ C/C++ API	101
5.6.1 常用 OpenVINO™ C/C++ API	101
5.6.2 搭建 OpenVINO™ C++开发环境	102
5.6.3 运行 OpenVINO™ C++范例程序	102
5.7 OpenVINO™ JavaScript API	104
5.7.1 常用 OpenVINO™ JavaScript API	104
5.7.2 搭建 OpenVINO™ JavaScript 开发环境	105
5.7.3 运行 OpenVINO™ JavaScript 范例程序	107
5.8 OpenVINO™ C# API	109
5.8.1 常用 OpenVINO™ C# API	109
5.8.2 搭建 OpenVINO™ C#开发环境	110
5.8.3 运行 OpenVINO™ C#范例程序	111
5.9 OpenVINO™ Java API	114
5.9.1 常用 OpenVINO™ Java API	115
5.9.2 搭建 OpenVINO™ Java 开发环境	116
5.9.3 运行 OpenVINO™ Java 范例程序	116
5.10 OpenVINO™ LabVIEW API	117
5.10.1 常用 OpenVINO™ LabVIEW API	117
5.10.2 搭建 OpenVINO™ LabVIEW 开发环境	118

5.10.3　运行 OpenVINO™ LabVIEW 范例程序 ………………………………………… 119
5.11　本章小结 ……………………………………………………………………………………… 120

第 6 章　无监督异常检测库 Anomalib　121

6.1　为什么要使用无监督异常检测 ………………………………………………………………… 121
6.2　Anomalib 概述 ………………………………………………………………………………… 122
　6.2.1　Anomalib 支持的视觉任务 …………………………………………………………… 122
　6.2.2　Anomalib 适用的数据类型 …………………………………………………………… 123
6.3　Anomalib 的关键组件 ………………………………………………………………………… 123
　6.3.1　Anomalib 的算法 ……………………………………………………………………… 124
　6.3.2　Anomalib 的功能模块 ………………………………………………………………… 125
6.4　Anomalib 的工作流程 ………………………………………………………………………… 126
6.5　搭建 Anomalib 开发环境 ……………………………………………………………………… 127
6.6　使用命令实现模型的训练、测试和推理 ……………………………………………………… 128
　6.6.1　训练并测试模型 ………………………………………………………………………… 129
　6.6.2　模型推理 ………………………………………………………………………………… 130
6.7　使用 API 实现模型的训练、测试和推理 …………………………………………………… 130
　6.7.1　模型训练 ………………………………………………………………………………… 130
　6.7.2　测试模型 ………………………………………………………………………………… 131
　6.7.3　导出模型 ………………………………………………………………………………… 131
　6.7.4　执行推理计算 …………………………………………………………………………… 132
6.8　本章小结 ……………………………………………………………………………………… 133

第 7 章　大语言模型的优化与部署　134

7.1　大语言模型简介 ………………………………………………………………………………… 134
　7.1.1　基于 Transformer 架构的大语言模型的技术演进 ………………………………… 135
　7.1.2　基于仅解码器架构的 GPT 系列模型的技术演进 …………………………………… 136
　7.1.3　大语言模型推理计算的挑战 …………………………………………………………… 138
　7.1.4　键值缓存优化技术 ……………………………………………………………………… 138
　7.1.5　有状态模型 ……………………………………………………………………………… 139
7.2　使用 OpenVINO™ 优化大语言模型推理计算 ……………………………………………… 140
　7.2.1　使用 Optimum Intel 工具包部署 Llama 3 ………………………………………… 140
　7.2.2　使用 OpenVINO™ GenAI API 部署 Llama 3 …………………………………… 143
7.3　基于 Llama 3 模型实现聊天机器人 …………………………………………………………… 145
　7.3.1　Gradio 库简介 ………………………………………………………………………… 146
　7.3.2　聊天机器人的代码实现 ………………………………………………………………… 146
7.4　基于 LangChain+Llama 3 模型实现 RAG ………………………………………………… 151
　7.4.1　RAG 简介 ……………………………………………………………………………… 151
　7.4.2　LangChain 框架简介 ………………………………………………………………… 152

- 7.4.3 LangChain 框架对 OpenVINO™ 的支持 …… 153
- 7.4.4 RAG 系统的代码实现 …… 156
- 7.5 基于 LangChain+Llama 3 模型实现 AI Agent …… 161
  - 7.5.1 基于 LLM 的 AI Agent 简介 …… 161
  - 7.5.2 常见的开发 AI Agent 的框架 …… 161
  - 7.5.3 AI Agent 的代码实现 …… 162
- 7.6 本章小结 …… 166

第 8 章　Stable Diffusion 模型的优化与部署 …… 167
- 8.1 扩散模型简介 …… 167
- 8.2 Stable Diffusion 系列模型的技术演进 …… 169
- 8.3 优化和部署 Stable Diffusion 3 Medium 模型 …… 170
  - 8.3.1 搭建开发环境 …… 171
  - 8.3.2 下载权重文件到本地 …… 171
  - 8.3.3 导出 SD3 Medium 的 OpenVINO™ IR 格式模型 …… 171
  - 8.3.4 编写推理代码，实现一键生成创意海报 …… 174
- 8.4 本章小结 …… 177

第 9 章　多模态大模型的优化与部署 …… 178
- 9.1 单模态 AI 简介 …… 178
- 9.2 转向多模态 AI 的必要性 …… 178
- 9.3 优化和部署 LLaVA-NeXT 多模态模型 …… 179
  - 9.3.1 搭建开发环境 …… 180
  - 9.3.2 下载权重文件到本地 …… 180
  - 9.3.3 模型转换为 OpenVINO™ IR 格式 …… 181
  - 9.3.4 使用 OpenVINO™ 进行量化优化 …… 182
  - 9.3.5 设备选择与配置 …… 183
  - 9.3.6 推理流水线设置 …… 184
  - 9.3.7 运行推理并展示结果 …… 184
- 9.4 本章小结 …… 185

第 10 章　开源社区资源 …… 186
- 10.1 英特尔开发人员专区及开发套件专区 …… 186
- 10.2 "英特尔物联网"公众号 …… 186
- 10.3 "英特尔创新大使"计划 …… 187

第 1 章 OpenVINO™ 工具套件快速入门

本章主要介绍 OpenVINO™ 工具套件的常用工具和组件，并从零开始指导读者使用 OpenVINO™，在使用的过程中，加深对 OpenVINO™ 的理解；最后让读者能够基于 OpenVINO™ 编写完整的 AI 推理程序。

1.1 OpenVINO™ 工具套件简介

OpenVINO™ 工具套件是一个用于优化和部署人工智能（AI）模型、提升 AI 推理计算性能的开源工具集合，不仅支持以卷积神经网络（CNN）为核心组件的预测式 AI（Predictive AI）模型，还支持以 Transformer 为核心组件的生成式 AI（Generative AI）模型。

OpenVINO™ 工具套件支持对基于 PyTorch、TensorFlow、PaddlePaddle 等主流深度学习框架训练好的模型进行优化，提升其在英特尔®CPU、独立显卡、集成显卡、NPU 等硬件上的 AI 推理计算性能，如图 1-1 所示，并支持 Windows、Linux 和 macOS 三大操作系统。

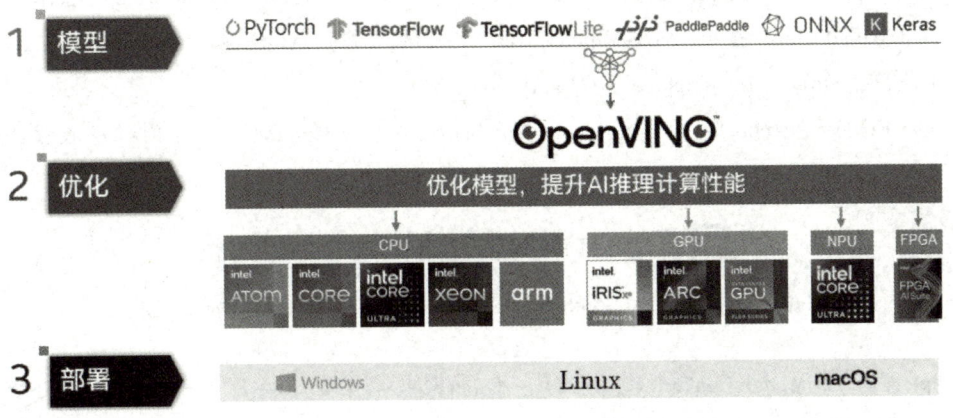

图 1-1　OpenVINO™ 支持的硬件和 AI 框架

值得一提的是，通过动态量化、多头注意力（MHA）机制以及 OneDNN 的增强，OpenVINO™ 工具套件能显著提升大语言模型（LLM）在英特尔®独立显卡和集成显卡上的推理计算性能。

1.2 OpenVINO™常用工具和组件

如上节所述，OpenVINO™工具套件是一个用于优化和部署 AI 模型的开源工具集合，从开发者的角度来看，不同阶段有不同的工具或组件，如图 1-2 所示。

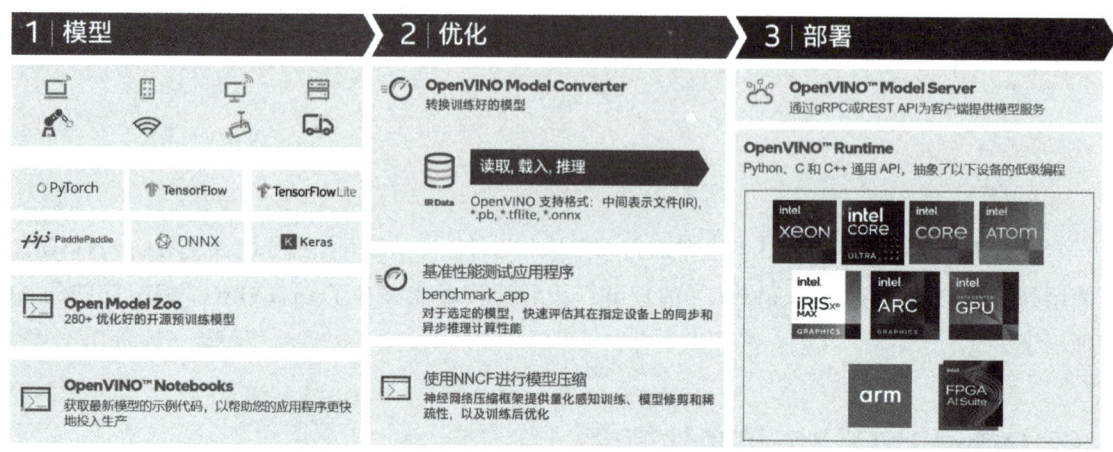

图 1-2 OpenVINO™工具套件全景图

- 在模型构建阶段，有 Open Model Zoo 和 OpenVINO™ Notebooks。
- 在模型优化阶段，有 OpenVINO™ Model Converter、benchmark_app 和 NNCF。
- 在模型部署阶段，有 OpenVINO™ Model Server 和 OpenVINO™ Runtime。

各工具或组件的用途如下。

- Open Model Zoo：一个开源模型库，拥有 280 个以上已面向英特尔计算硬件优化好的预训练模型，下载即可直接使用。Open Model Zoo 的链接：https://github.com/openvinotoolkit/open_model_zoo。另外，经过 OpenVINO™优化的生成式 AI 模型还能在 Hugging Face 网站上获得：https://huggingface.co/OpenVINO。
- OpenVINO™ Notebooks：一个 Jupyter Notebooks 格式的 OpenVINO™范例程序教程集合，方便开发者从代码层面快速学习和使用 OpenVINO™。

Github Repo：https://github.com/openvinotoolkit/openvino_notebooks

- OpenVINO™ Model Converter（OVC）：OpenVINO™模型转换器是一个跨平台的命令行工具，将 PyTorch、TensorFlow、TensorFlow Lite、ONNX 或 PaddlePaddle 格式模型优化并转换为 OpenVINO™ IR 模型。
- benchmark_app：一个跨平台的命令行工具，用于快速评估（无须编写代码）所选模型在指定设备上的同步和异步推理计算性能。

- NNCF：神经网络压缩框架，对已训练好的模型进行量化、剪枝等优化操作，进一步压缩模型的尺寸和计算量，提升模型的推理计算速度。
- OpenVINO™ Model Server：通过 gRPC 或 REST API 为客户端应用程序提供模型服务。
- OpenVINO™ Runtime：一套 C/C++ 函数库，并提供官方支持和维护的 C、C++、Python 和 JavaScript 语言的 API 函数，用于开发 AI 应用程序。OpenVINO™ Runtime C/C++ 函数库文件保存在 runtime 文件夹下，如图 1-3 所示。

图 1-3 OpenVINO™ Runtime 的函数库文件

1.3 搭建 OpenVINO™ Python 开发环境

如上节所述，OpenVINO™ 提供 C、C++、Python 和 JavaScript 语言的 API 函数，用于开发 AI 应用程序。搭建 OpenVINO™ 开发环境过程：先安装 Python、C/C++ 或 JavaScript 应用程序开发环境，然后安装并配置好 OpenVINO™ Runtime 库。为了方便读者快速入门，本节聚焦搭建 OpenVINO™ 的 Python 开发环境，其他编程语言开发环境的搭建将在第 5 章中介绍。

本书使用的搭建 OpenVINO™ Python 开发环境的软件工具有 Anaconda、Git 和 Visual Studio Code，见表 1-1，它们都支持 Windows、Linux 和 macOS，也就是说，读者在一个操作系统上学习到的 OpenVINO™ Python 程序开发技能，可以**非常方便地迁移到其他操作系统上**。

表 1-1 搭建 OpenVINO™ Python 开发环境的软件工具

软件名称	用途
Anaconda	一个管理 Python 软件包和虚拟环境的工具；个人版免费，支持 Windows、Linux 和 macOS
Git	一个免费开源的分布式版本控制工具，支持 Windows、Linux 和 macOS
Visual Studio Code	一个免费开源的跨平台源代码编辑器，支持 Windows、Linux 和 macOS

为了方便读者"复制并粘贴"各安装步骤的命令，快速搭建开发环境，本书提供了下列电子版的安装指南。

在 Windows 上搭建 OpenVINO™ Python 开发环境，请参考：https://github.com/openvino-book/

openvino_handbook/blob/main/doc/Install_OpenVINO_Python_Windows.md。

在 Linux 上搭建 OpenVINO™ Python 开发环境，请参考：https://github.com/openvino-book/openvino_handbook/blob/main/doc/Install_OpenVINO_Python_Ubuntu.md。

读者可打开电子版安装指南，完成 OpenVINO™ Python 开发环境的搭建，并导出 yolov8n-cls.onnx 和 yolov8x-cls.onnx 模型。

本书的范例程序，请用下列命令下载到本地：

```
git clone https://github.com/openvino-book/openvino_handbook.git
```

1.4 使用 OpenVINO™ Model Converter 转换模型

1.4.1 OpenVINO™ IR 模型

OpenVINO™ Model Converter 是 OpenVINO™ 工具套件自带的跨平台的命令行模型转换工具，可将 ONNX、TensorFlow、TensorFlow Lite 或者 PaddlePaddle 格式模型转换为 OpenVINO™ IR （Intermediate Representation，中间表示）模型。IR 是 OpenVINO™ 内部使用的统一格式，由 **.xml** 文件和 **.bin** 文件组成。

- .xml 文件：描述模型的拓扑结构，它就像模型的"蓝图"，描述了模型的层次结构、每一层的类型、输入输出形状等信息，但不包含实际运行模型所需的数值参数。
- .bin 文件：存储模型的权重数据。与 .xml 文件相对应，这个文件包含了模型训练得到的具体权重数据，是模型执行计算时不可或缺的部分。

将模型转化为 IR 格式的好处如下。

- 减少首次推理延迟：可以避免其他格式模型在每次加载时的转换步骤。
- 降低运行时内存消耗：直接使用 OpenVINO 加载并编译 IR 模型，相较于在原框架中先加载模型，再进行转换和编译，通常会占用更少的运行时内存。
- 减少推理代码中的依赖库：仅需要 OpenVINO™ Runtime，可简化部署。

1.4.2 使用 OVC 转换模型

使用 OVC 转换模型时，转换后的模型精度默认为 **FP16**，因为它是所有推理设备插件都支持的模型精度，见表1-2，这样可以实现仅**一次编写** OpenVINO™ 应用程序，便可**任意部署**到英特尔®从云到客户端和边缘的计算硬件上。

表 1-2 设备插件对模型精度的支持

设备插件	FP32	FP16	INT8
CPU 插件	优先选择	支持	支持
GPU 插件	支持	优先选择	支持
NPU 插件	支持	支持	支持

(续)

设备插件	FP32	FP16	INT8
GNA 插件	支持	支持	不支持
ARM® CPU 插件	优先选择	支持	部分支持

FP16 精度的 OpenVINO™ IR 模型的另外一个优点是,方便继续使用 NNCF 工具对模型进行 INT8 量化。

使用命令"ovc --help",可以获得 ovc 命令的参数。

使用命令"ovc"将 FP32 精度的 yolov8x-cls.onnx 和 yolov8n-cls.onnx 模型转换为 FP16 精度的 OpenVINO™ IR 格式模型,如图 1-4 所示。

```
ovc yolov8x-cls.onnx        # 使用 OVC 工具将 yolov8x-onnx 模型转换为 IR 模型
ovc yolov8n-cls.onnx        # 使用 OVC 工具将 yolov8n-onnx 模型转换为 IR 模型
```

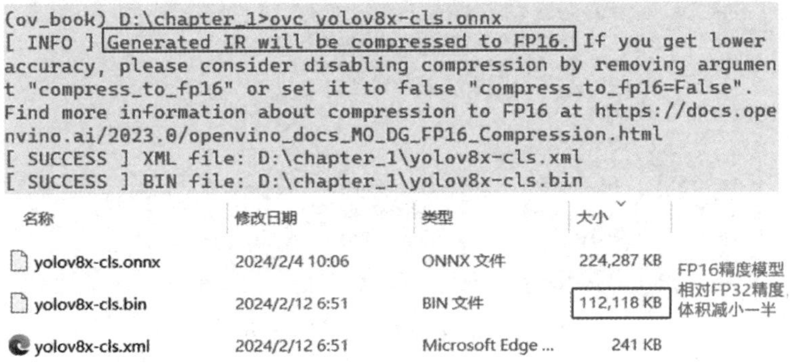

图 1-4 使用 OVC 转换模型

1.5　使用 benchmark_app 评估模型推理计算性能

benchmark_app 是 OpenVINO™ 工具套件自带的跨平台命令行工具,通过该工具,无须编写程序便可以快速获得 AI 模型在指定硬件上,不同属性配置的推理计算性能。使用"benchmark_app --help"可以获得 benchmark_app 命令的参数,其常用参数如下。

- -m:指定模型的路径(必选)。
- -d:指定推理硬件,默认值是 CPU,可选值有 CPU、GPU、AUTO、NPU 等。
- -hint:指定推理计算性能模式,可选值有 throughput、cumulative_throughput、latency 和 none。
- -api:指定同步或异步推理模式,可选值有 sync、async。

[范例]:使用 benchmark_app 获得 yolov8x-cls.xml 模型在英特尔® Arc™ 独立显卡(设备编号为 GPU.1,见图 1-5)上以异步执行和吞吐量优先的模式运行的性能数据,如下所示。

```
benchmark_app -m yolov8x-cls.xml -d GPU.1 -api async -hint throughput
```

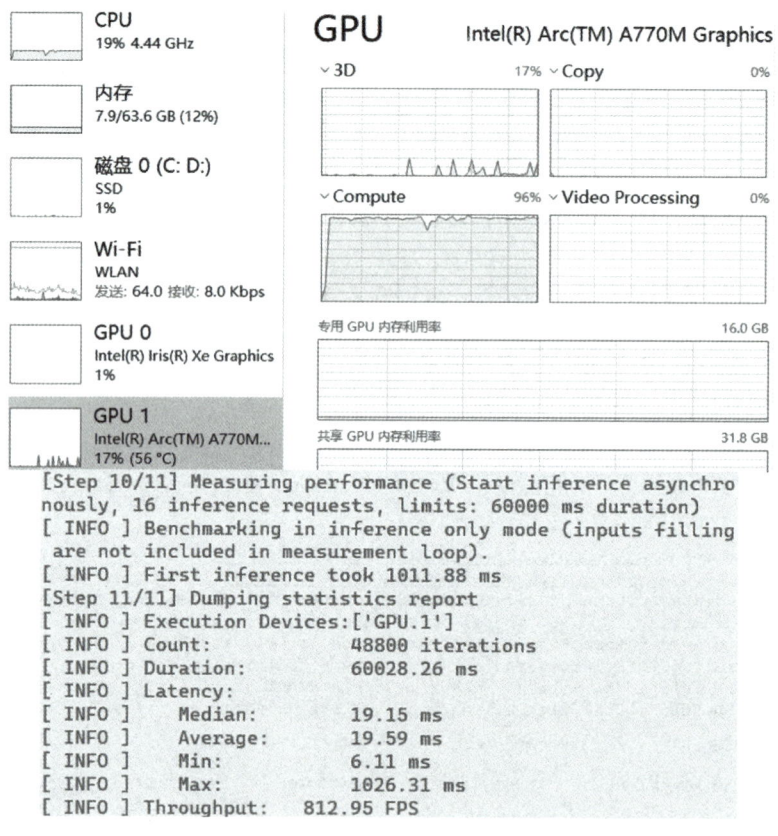

图 1-5 benchmark_app 运行结果

1.6 编写 OpenVINO™ 同步推理程序

前面几节介绍了如何安装并使用 OpenVINO™ 的常用工具和组件，本节将介绍如何基于 OpenVINO™ 编写完整的 yolov8n-cls 模型的同步推理程序。

1.6.1 OpenVINO™ 同步推理程序典型流程

基于 OpenVINO™ Runtime API 实现同步推理计算程序的典型流程主要有 6 步，如图 1-6 所示。

第一步：创建 Core 对象。
第二步：读取并编译模型。
第三步：获取图像数据。
第四步：数据预处理。
第五步：执行 AI 推理计算并获得推理结果。
第六步：对推理结果进行后处理。

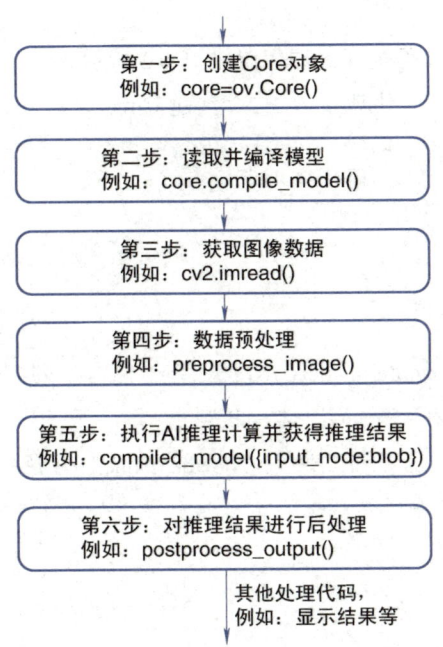

图 1-6　OpenVINO™ 同步推理程序典型流程

这个流程适用于几乎所有的模型，接下来将以编写 yolov8n-cls 模型的推理程序为例，详述上面 6 个步骤，如代码清单 1-1 所示。

代码清单 1-1　OpenVINO™ 同步推理计算 6 个典型步骤

```
# 第一步:创建 Core 对象
core = ov.Core()
# 第二步:从指定路径读取并编译模型
compiled_model = core.compile_model(model=onnx_model_path,
                    device_name="CPU",
                    config=config)
input_node = compiled_model.inputs[0]
output_node = compiled_model.outputs[0]
# 第三步:获取图像数据
img = load_img(image_path)
# 第四步:对图像进行预处理
blob = preprocess_image(img)
# 第五步:执行 AI 推理计算,并从输出节点 output_node 获取推理结果
result = compiled_model({input_node:blob})[output_node][0]
# 第六步:对推理结果进行后处理
postprocess_output(result)
```

1.6.2　创建 Core 对象

OpenVINO™ 中的 Core 对象是一个非常重要的组件，主要用于管理当前系统中可获得的计算设备（如 CPU、GPU、NPU 等），并提供读取模型（core.read_model）或读取并编译模型

（core.compile_model）的方法。

创建 Core 对象的 Python 代码实现，如代码清单 1-2 所示。

代码清单 1-2　创建 Core 对象

```
import openvino as ov
# 创建 Core 对象
core = ov.Core()
```

1.6.3　读取并编译模型

Core 对象提供一个 core.compile_model( ) 方法，该方法有下列 3 个参数。

- model：用于从指定路径"model"读取模型。
- device_name：将模型编译为指定设备"device_name"可执行的代码。
- config：按照"config"中的参数配置运行时属性，如图 1-7 所示。

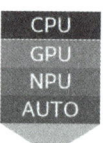

compiled_model = core.compile_model(model=model, device_name="AUTO", config)
1）通过 model 参数指定读取模型的路径。
2）通过 device_name 参数指定计算设备。
3）通过 config 参数指定属性配置。

图 1-7　读取并编译模型

core.compile_model( ) 方法返回的是 openvino.CompiledModel 对象，其自带 __call__( ) 方法，允许开发者像调用函数一样调用自己。读取并编译模型的代码，如代码清单 1-3 所示。

代码清单 1-3　读取并编译模型

```
# 从指定路径读取并编译模型
compiled_model = core.compile_model(model=onnx_model_path,
                                    device_name="CPU",
                                    config=config)
```

1.6.4　获取图像数据

使用 OpenCV 的 cv2.imread( ) 函数可以从本地硬盘中读取图片文件；使用 cv2.VideoCapture( ) 函数可从摄像头、本地视频文件、网络视频文件和网络图片文件中获取图像数据。获取图像数据的 Python 代码实现，如代码清单 1-4 所示。

代码清单 1-4　获取图像数据

```
# 获取图像数据
def load_img(path_or_url:str)->np.ndarray:
    if is_url(path_or_url):
```

```
    # 使用 cv2.VideoCapture()从摄像头、本地视频文件、网络视频文件或网络中读取图像数据
    cap = cv2.VideoCapture(path_or_url)
    _,img = cap.read()
    cap.release()
else:
    # 使用 cv2.imread()从硬盘读取
    img = cv2.imread(path_or_url)
return img
```

1.6.5 数据预处理

将 coco.jpg 图像的数据形状、数值精度等信息,以及 yolov8n-cls 模型输入节点的数据形状、数值精度等信息输出,如图 1-8 所示。

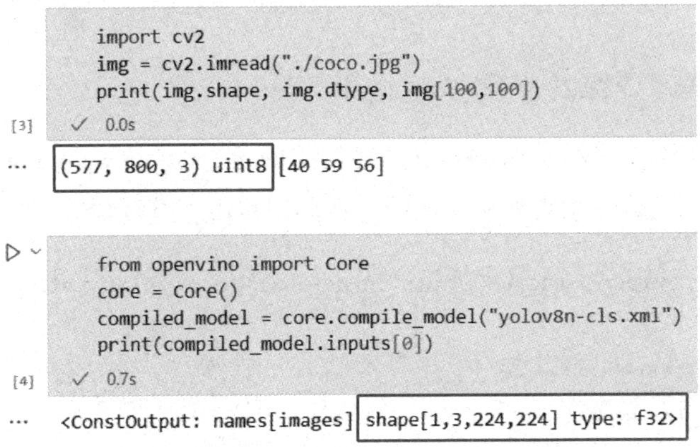

```
import cv2
img = cv2.imread("./coco.jpg")
print(img.shape, img.dtype, img[100,100])
```
[3] ✓ 0.0s
… (577, 800, 3) uint8 [40 59 56]

```
from openvino import Core
core = Core()
compiled_model = core.compile_model("yolov8n-cls.xml")
print(compiled_model.inputs[0])
```
[4] ✓ 0.7s
… <ConstOutput: names[images] shape[1,3,224,224] type: f32>

图 1-8 图像原始数据和模型输入节点

通过图 1-8 可以看出,图像原始数据在数据形状、数值精度、数值范围等方面与模型输入节点不一样,见表 1-3。

表 1-3 图像原始数据与模型输入节点对比

比较项	图像原始数据	模型输入节点
数据形状(shape)	[577, 800, 3]	[1, 3, 224, 224]
数值精度(dtype)	UINT8	FP32
数值范围	0~255	0.0~1.0
颜色通道顺序	BGR	RGB
数据布局(layout)	HWC	NCHW

由于存在上述差异,因此数据在传入模型前必须进行预处理,以满足模型输入节点的要求。yolov8n-cls 模型的数据预处理 Python 代码,如代码清单 1-5 所示。

代码清单 1-5 数据预处理

```
# 数据预处理函数,参考 yolov8-cls 的 classify_transforms
# https://github.com/ultralytics/ultralytics/blob/main/ultralytics/data/augment.py
```

```
def preprocess_image(image: np.ndarray, target_size=(224, 224))->np.ndarray:
    classify_transforms = T.Compose([
        T.ToPILImage(),                      # 调整数据格式：HWC -> CHW
        T.Resize(target_size[0]),            # 保持宽高比放缩
        T.CenterCrop(target_size[0]),        # 裁剪图像中心,不添加边框,图像部分丢失
        T.ToTensor(),
        T.Normalize(                         # 将像素值归一化到[0,1]
            mean=torch.tensor((0.0, 0.0, 0.0)),
            std=torch.tensor((1.0, 1.0, 1.0)),
        ),
    ])
    image = cv2.cvtColor(image, cv2.COLOR_BGR2RGB) # 调整数据格式:BGR → RGB
    img = classify_transforms(image)
    img = torch.stack([img], dim=0)          #调整数据格式：CHW -> NCHW
    return img.numpy()
```

1.6.6 执行 AI 推理计算并获得推理结果

在 1.6.3 节中已介绍，compile_model( ) 方法返回的是一个 openvino.CompiledModel 对象，其自带 __call__( ) 方法，允许开发者像调用函数一样调用自己，其调用方式如图 1-9 所示。

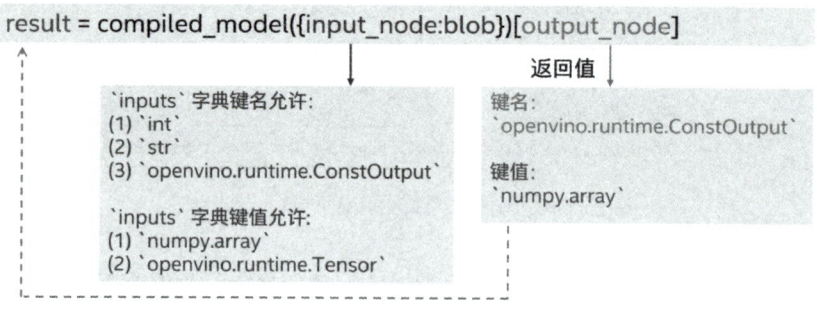

图 1-9　调用 openvino.CompiledModel 对象

按照上述调用方式，一行 Python 代码便可实现**同步**推理计算，如代码清单 1-6 所示。

代码清单 1-6　执行同步推理计算

```
# 执行 AI 推理计算,并从输出节点获取推理结果
result = compiled_model({input_node:blob})[output_node][0]
```

1.6.7 对推理结果进行后处理

不同的模型有不同的后处理方式，本文所采用的后处理是从推理结果中拆解出排名前 5(Top-5)的概率对应的索引，代码实现如代码清单 1-7 所示。

代码清单 1-7　对推理结果进行后处理

```
# 后处理函数:返回 Top-5 类别概率的索引
def postprocess_output(result):
```

```python
    top5_index = (-result).argsort(0)[:5].tolist()
    # 显示分类结果
    print(f"The Top-5 predicted categories:", end=" ")
    for i in top5_index:
        conf = result[i]
        name = class_names[i]
        print(f"{name} {conf:.2f}, ", end="")
    return top5_index
```

1.6.8 运行完整的推理程序

yolov8n-cls 的 OpenVINO™ 推理程序如本书自带范例 yolov8_cls_infer.py 所示。首先运行 Ultralytics 自带的推理程序，再运行 yolov8_cls_infer.py。

```
yolo classify predict model=yolov8n-cls.pt source="./coco.jpg"
python yolov8_cls_infer.py
```

对比两个程序的预测结果，Top-5 类别标签和概率都一致，如图 1-10 所示，说明 yolov8-cls 的 OpenVINO™ 推理程序开发成功。

```
(ov_book) D:\chapter_1>yolo classify predict model=yolov8n-cls.pt source="./coco.jpg"
Ultralytics YOLOv8.1.9 🚀 Python-3.11.5 torch-2.1.2+cpu CPU (12th Gen Intel Core(TM) i7-12700H)
YOLOv8n-cls summary (fused): 73 layers, 2715880 parameters, 0 gradients, 4.3 GFLOPs

image 1/1 D:\chapter_1\coco.jpg: 224x224 flat-coated_retriever 0.59, Labrador_retriever 0.22, Gr
eat_Dane 0.07, Staffordshire_bullterrier 0.02, schipperke 0.02, 13.1ms
Speed: 4.5ms preprocess, 13.1ms inference, 0.0ms postprocess per image at shape (1, 3, 224, 224)
Results saved to runs\classify\predict18
💡 Learn more at https://docs.ultralytics.com/modes/predict              Top-5类别标签和概率都一致！

(ov_book) D:\chapter_1>python yolov8_cls_infer.py
The Top-5 predicted categories: flat-coated_retriever 0.59, Labrador_retriever 0.22, Great_Dane
0.07, Staffordshire_bullterrier 0.02, schipperke 0.02,
(ov_book) D:\chapter_1>
```

图 1-10　yolov8_cls_infer.py 运行结果

1.7　本章小结

本章首先介绍了 OpenVINO™ 工具套件的特点和关键组件（OpenVINO™ Runtime、OVC、benchmark_app）；然后以开发 yolov8n-cls 模型的 OpenVINO™ 推理程序为例，依次介绍了 OpenVINO™ 工具套件的安装、典型 Python API 函数，以及同步推理程序的典型流程；最后对比 YOLO 推理程序和 OpenVINO™ 推理程序的预测结果，它们的 Top-5 类别标签和概率完全一致。下一章将介绍无须编写代码，仅靠配置 OpenVINO™ 运行时属性即可实现的 AI 模型性能优化。

第 2 章
优化 AI 模型的推理计算性能

本章首先介绍评价 AI 推理计算性能的典型指标；然后介绍无须编写代码，仅靠配置 OpenVINO™ 运行时属性即可实现的 AI 模型性能优化，同时使用 benchmark_app 快速展示优化后的性能提升；接着介绍如何使用代码的方式实现属性配置，并将第 1 章中的 yolov8_cls_infer.py 范例程序升级为**带属性配置**的 AI 同步推理程序；最后介绍基于人工编写前后处理函数的 YOLOv8 目标检测模型推理程序的开发方法，以及使用 Ultralytics 前后处理函数的 YOLOv8-Seg 实例分割模型推理程序的开发方法。

阅读本章前，请先克隆本书的范例代码仓到本地：

```
git clone https://github.com/openvino-book/openvino_handbook.git
```

2.1 AI 推理计算性能评价指标

在优化 AI 推理计算性能前，先要了解评价 AI 推理计算性能的指标。常用**延迟（Latency）和吞吐量（Throughput）**来衡量 AI 推理计算的性能。

- 延迟：系统处理**单个任务**的时间。延迟越低，系统处理单个任务的速度越快。
- 吞吐量：**在单位时间内**系统能够处理的任务数量。吞吐量越高，系统在单位时间内处理的任务越多。

评价 AI 推理计算性能还有以下两个常见的场景。

- 单纯评价 AI 模型的推理计算性能，不包含数据预处理和后处理等处理步骤。
- 整体评价从采集数据到获得最终结果的端到端的 AI 推理计算程序性能，即包含了数据采集、数据预处理、AI 推理计算和数据后处理的整体性能。

2.1.1 AI 模型的推理计算性能

单纯评价 AI 模型推理计算性能的场景如图 2-1 所示。

- 延迟具体是指将单个数据输入 AI 模型后，多长时间可以从 AI 模型中获得输出结果。
- 吞吐量具体是指在单位时间能完成多少数据的 AI 推理计算。

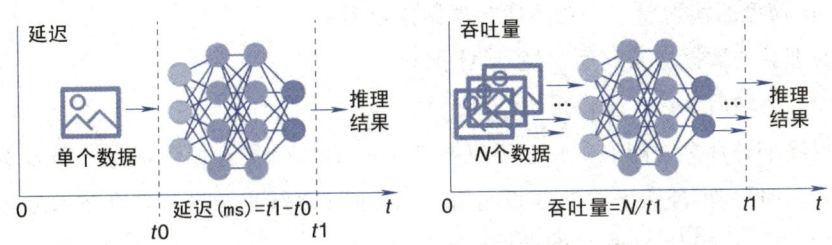

图 2-1 延迟与吞吐量

数据前处理和推理结果后处理所花费的时间不包含在延迟和吞吐量的计算里面。

在计算机视觉领域,因为数据是一帧帧的图像,所以延迟的单位为 ms(毫秒),吞吐量的单位为 FPS(每秒帧数)。

运行 benchmark_app,命令如下:

```
benchmark_app -m yolov8x-cls.onnx -d GPU
```

可以获得 AI 模型(yolov8x-cls.onnx)的推理计算性能统计数据(未包含前处理和后处理所花费的时间):Latency 和 Throughput,如图 2-2 所示。

```
[Step 10/11] Measuring performance (Start inference asynchr
onously, 16 inference requests, limits: 60000 ms duration)
[ INFO ] Benchmarking in inference only mode (inputs fillin
g are not included in measurement loop).
[ INFO ] First inference took 1074.42 ms
[Step 11/11] Dumping statistics report
[ INFO ] Execution Devices:['GPU.0']
[ INFO ] Count:            6528 iterations
[ INFO ] Duration:         60188.71 ms
[ INFO ] Latency:
[ INFO ]    Median:        147.01 ms
[ INFO ]    Average:       147.18 ms
[ INFO ]    Min:           52.62 ms
[ INFO ]    Max:           161.15 ms
[ INFO ] Throughput:       108.46 FPS
```

图 2-2 benchmark_app 输出的推理计算性能统计数据

2.1.2 端到端的 AI 程序推理计算性能

当 AI 模型集成到应用程序中后,对于用户来说,更加关注的是从采集图像数据到获得最终结果的端到端的性能,例如,用摄像头拍摄一个水果,用户更在乎的是需要多少时间能展示出识别结果。

一个典型端到端的 AI 推理计算程序,如图 2-3 所示,包括:

1)采集图像并解码。

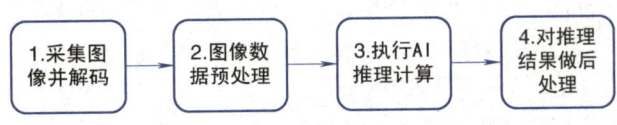

图 2-3 端到端的 AI 推理计算程序

2）根据 AI 模型的输入要求，对图像数据做预处理。

3）将预处理后的数据送入模型，执行 AI 推理计算。

4）对推理结果做后处理，获得最终结果。

对于 AI 程序推理计算性能的优化，不仅要着眼于 AI 模型推理速度本身，还需要考虑图像解码速度、数据预处理、推理结果后处理的优化，以及利用多线程和异步处理技术，通过提升硬件设备的利用率，进一步提升 AI 程序的推理计算性能。

优化端到端的 AI 推理计算程序，不仅需要配置 OpenVINO™ 运行时属性，还要编写多线程异步推理代码。本章将详述针对 AI 模型的推理计算性能优化，下一章将介绍针对 AI 程序的推理计算性能优化。

2.2　OpenVINO™设备插件

OpenVINO™设备插件（Plugin）可以看作对计算设备的抽象。通过指定 compile_model() 方法中的 "device_name" 参数，如图 2-4 所示，可以非常方便地让模型运行在指定的计算设备上，从而获得不同的 AI 推理计算性能的提升。

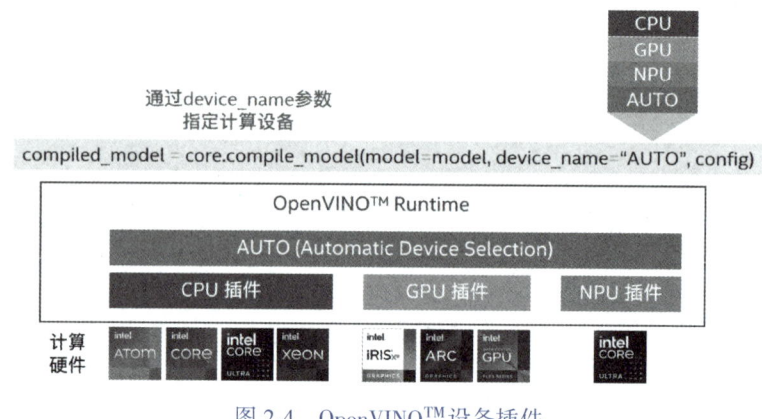

图 2-4　OpenVINO™设备插件

2.2.1　CPU 插件、GPU 插件和 NPU 插件

CPU 插件、GPU 插件和 NPU 插件都对应具体计算设备。
- CPU 插件对应英特尔® CPU。
- GPU 插件对应英特尔®集成显卡和独立显卡。
- NPU 插件对应英特尔®酷睿™ Ultra 系列处理器中的名叫 "Intel® AI Boost" 的神经处理单元（Neural Processing Unit），如图 2-5 所示。

通过 available_devices 属性，如代码清单 2-1 所示，可以查询当前系统中的计算设备。

代码清单 2-1　查询系统中的计算设备

```
import openvino as ov
# 实例化 OpenVINO Core 对象
```

```
core = ov.Core()
# 查询当前系统中的计算设备(devices)
print(core.available_devices)
```

运行结果，如图 2-5 所示。

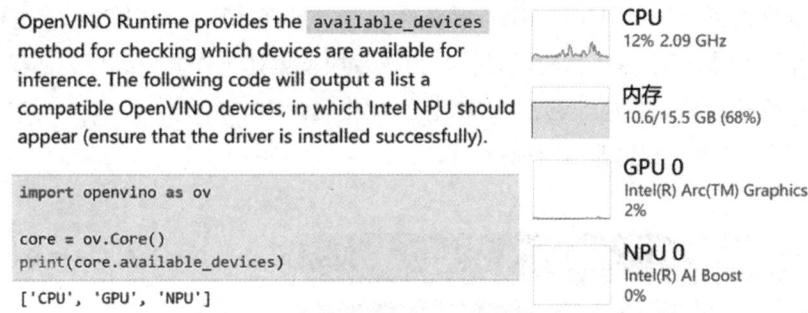

图 2-5　查询当前系统中的计算设备

在 Intel® Core™ Ultra 5 125H 上运行 benchmark_app，通过配置参数 "-d" 实现将 AI 模型运行在指定的计算设备上。

```
benchmark_app -m yolov8x-cls.onnx -d CPU    # 运行在 CPU 上
benchmark_app -m yolov8x-cls.onnx -d GPU    # 运行在锐炫™集成显卡上
benchmark_app -m yolov8x-cls.onnx -d NPU    # 运行在 NPU 上
```

通过 OpenVINO™ 设备插件指定 AI 模型运行在不同的计算设备上，从而获得 AI 模型推理计算性能的提升，如图 2-6 所示，通过把设备插件从 CPU 改为 GPU 或 NPU，可以发现延迟有所减少，吞吐量大幅提升。

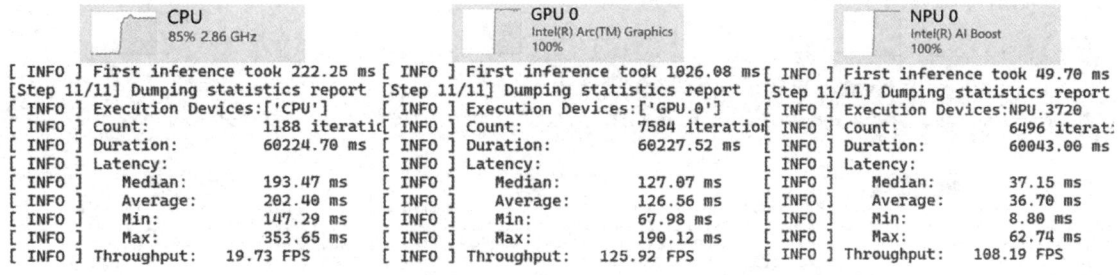

图 2-6　通过配置设备插件提升 AI 模型推理计算性能

2.2.2　自动设备选择（AUTO）

自动设备选择（Automatic Device Selection，AUTO），并不像 CPU 插件一样对应一种物理计算设备，而是 OpenVINO™ Runtime 自动选择并使用系统中现有的 CPU 插件、GPU 插件或 NPU 插件的一种执行方式。

AUTO 会自动查询系统中的计算设备，并按照**默认的**设备优先级（独立显卡 > 集成显卡 >

CPU > NPU），选出优先级最高的设备作为最终的推理计算设备。

假设系统中有 CPU 和 GPU，则 AUTO 的运行步骤如图 2-7 所示。

第一步：查询当前系统中有哪些计算设备，并结合模型精度和默认的设备优先级进行排序。此时设备优先级顺序为：GPU > CPU。

第二步：根据设备优先级顺序，AUTO 默认会将首次推理计算加载到 CPU 上运行。

第三步：在 CPU 执行推理计算的同时，并行执行模型编译工作并将编译好的模型载入 GPU。

第四步：将推理计算无感地迁移到 GPU 上（优化延迟和吞吐量），同时，CPU 不再执行推理计算（释放 CPU 以执行其他非 AI 计算）。

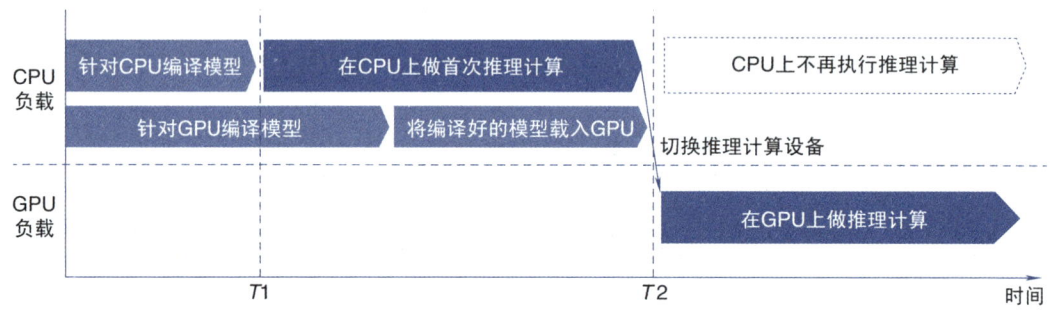

图 2-7　AUTO 运行步骤

由于把模型编译并载入 GPU 的速度比编译并载入 CPU 的速度要慢很多，因此 AUTO 这种默认将首次推理计算加载到 CPU，并同时执行将模型编译并加载到 GPU 的方式，可以优化首次推理延迟（First Inference Latency）。

运行 benchmark_app，通过配置参数"-d"分别指定 AI 模型运行在 CPU、GPU 和 AUTO 上，对比性能结果，如图 2-8 所示。

```
benchmark_app -m yolov8x-cls.onnx -d CPU -niter 2000       # 在 CPU 上运行 2000 次
benchmark_app -m yolov8x-cls.onnx -d GPU -niter 2000       # 在 GPU 上运行 2000 次
benchmark_app -m yolov8x-cls.onnx -d AUTO -niter 2000      # 在 AUTO 模式下运行 2000 次
```

```
                    CPU                                    GPU                                   AUTO
[ INFO ] First inference took 132.83 ms[ INFO ] First inference took 1008.78 ms[ INFO ] First inference took 105.58 ms
[Step 11/11] Dumping statistics report [Step 11/11] Dumping statistics report [Step 11/11] Dumping statistics report
[ INFO ] Execution Devices:['CPU']     [ INFO ] Execution Devices:['GPU.0']    [ INFO ] Execution Devices:['GPU']
[ INFO ] Count:            2000 iterati[ INFO ] Count:            2000 iteratio[ INFO ] Count:            2000 iterati
[ INFO ] Duration:       99804.11 ms   [ INFO ] Duration:       15211.59 ms    [ INFO ] Duration:       17436.49 ms
[ INFO ] Latency:                      [ INFO ] Latency:                       [ INFO ] Latency:
[ INFO ]     Median:       179.02 ms   [ INFO ]     Median:       121.10 ms    [ INFO ]     Median:       136.60 ms
[ INFO ]     Average:      199.28 ms   [ INFO ]     Average:      121.05 ms    [ INFO ]     Average:      138.61 ms
[ INFO ]     Min:          154.21 ms   [ INFO ]     Min:           66.63 ms    [ INFO ]     Min:           89.50 ms
[ INFO ]     Max:          387.02 ms   [ INFO ]     Max:          158.36 ms    [ INFO ]     Max:          451.71 ms
[ INFO ] Throughput:        20.04 FPS  [ INFO ] Throughput:       131.48 FPS   [ INFO ] Throughput:       114.70 FPS
```

图 2-8　AUTO 模式

从图 2-8 可见，AUTO 模式的首次推理延迟与 CPU 插件的性能近似，大大低于 GPU 的首次推理延迟；延迟的中位数（Median）与 GPU 插件的性能近似。

"AUTO"后面若人为指定了计算设备的优先级顺序，则运行时不会按照**默认的**设备优先级顺序，而是按照人为指定的优先级顺序选择最高优先级设备，例如"AUTO：CPU，GPU"，人为指定最高优先级设备是 CPU，则在执行时，推理任务会一直在 CPU 上执行，而不会迁移到 GPU 上。

```
benchmark_app -m yolov8x-cls.onnx -d AUTO:CPU,GPU -niter 2000 # 推理任务一直在 CPU 上执行
```

用"-"号，可以将计算设备从优先级列表中移除，例如"AUTO：-CPU"，意味着 CPU 不在 AUTO 的候选设备列表中，即不使用 CPU，因此首次推理计算也不会放在 CPU 上了。

2.2.3 用代码指定计算设备

如图 2-4 所示，用代码指定计算设备，只需要指定 compile_model() 方法中的"device_name"参数，如代码清单 2-2 所示；若不指定，"device_name"参数的默认值是"None"，意味着由 AUTO 插件来选择计算设备。

代码清单 2-2 指定计算设备

```
ov_model_path ="./yolov8x-cls.xml"
device ="CPU"                      # 此处可更换为 GPU、NPU、AUTO 等
config = {}
compiled_model = core.compile_model(model=ov_model_path, device_name=device, config=config)
```

2.3 性能提示（Performance Hints）

如前所述，延迟和吞吐量是评价性能优劣时使用广泛的两个指标，为了让推理计算性能达到最优，开发者需要做很多底层属性配置，如最优推理请求数量、线程数、同步或异步推理等，配置工作非常烦琐。

为了简化配置工作，OpenVINO™ 提供了一个 PERFORMANCE_HINT 属性，它可以让开发者根据 AI 应用程序的需求，将推理计算配置为"LATENCY""THROUGHPUT"或"CUMULATIVE_THROUGHPUT"。

- LATENCY（延迟优先）：config = {"PERFORMANCE_HINT":"LATENCY"}，适合实时或近实时的任务，如自动驾驶、机器人控制等。
- THROUGHPUT（吞吐量优先）：config = {"PERFORMANCE_HINT":"THROUGHPUT"}，适合非实时任务，如 AI 离线分析监控视频、AI 医疗诊断辅助等。
- CUMULATIVE_THROUGHPUT（累计吞吐量）：config = {"PERFORMANCE_HINT":"CUMU-LATIVE_THROUGHPUT"}，能充分利用当前系统内的所有计算硬件，实现最大化的吞吐量。

需要注意的是，将 PERFORMANCE_HINT 属性配置为"LATENCY"或"THROUGHPUT"，推理任务最终都是运行在选出来的**单个计算硬件**上，如图 2-9 所示。

若想让推理任务能利用当前系统中的所有计算硬件，需要将 PERFORMANCE_HINT 属性配置为"CUMULATIVE_THROUGHPUT"。

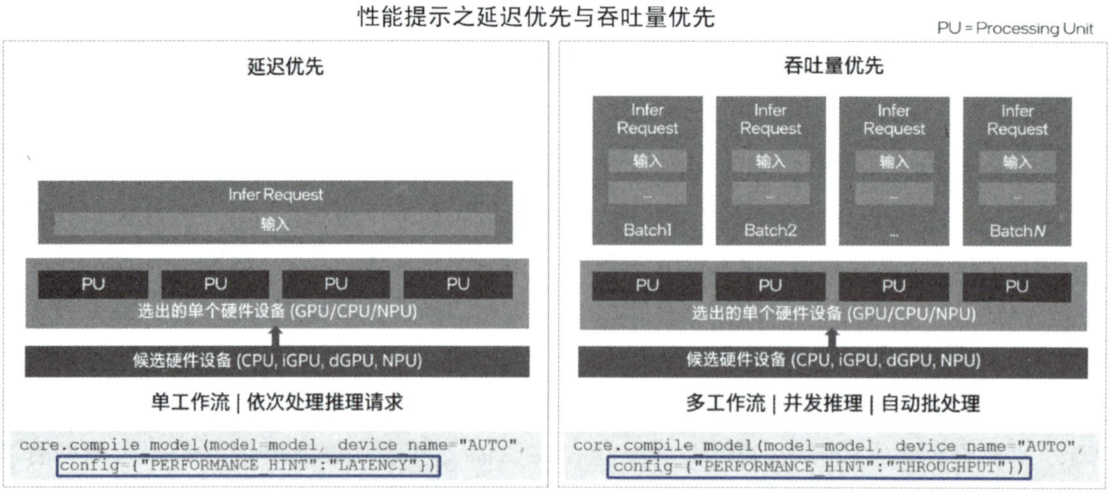

图 2-9 性能提示之延迟优先与吞吐量优先

2.3.1 LATENCY（延迟优先）

在延迟优先模式下，即将 PERFORMANCE_HINT 属性配置为 LATENCY，如图 2-9 所示，推理计算只创建一个推理请求，独占计算的所有高性能处理单元（PU），从而确保单个推理请求处理**延迟最小且波动最小**。

运行 benchmark_app，通过配置参数 "-hint latency" 指定 AI 模型运行在延迟优先模式下。

```
benchmark_app -m yolov8x-cls.onnx -d CPU -niter 2000 -hint latency    # 延迟优先模式
```

在 benchmark_app 输出的信息中，可以看到在延迟优先模式下，推理计算只有一个推理请求，独占 i7-12700H 的全部 6 个性能核（Performance Core），延迟小且抖动小，但硬件利用率并非最大，吞吐量也并非最大，如图 2-10 所示。

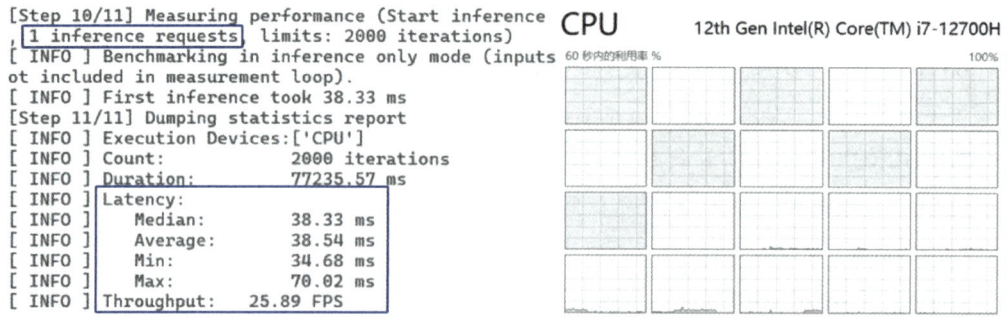

图 2-10 延迟优先

2.3.2 THROUGHPUT（吞吐量优先）

在吞吐量优先模式下，即将 PERFORMANCE_HINT 属性配置为 THROUGHPUT，如图 2-9 所示，推理计算会并发处理多个推理请求，最大化利用计算设备的所有处理单元（PU），从而实现在单位时间内处理的推理请求最多，即吞吐量最大。

在吞吐量优先模式下，每个推理请求的处理延迟是**不确定的**，**波动比较大**，适合在非实时的应用中使用。

运行 benchmark_app，通过配置参数"-hint throughput"指定 AI 模型运行在吞吐量优先模式下。

```
benchmark_app -m yolov8x-cls.onnx -d CPU -niter 2000 -hint throughput    # 吞吐量优先模式
```

在 benchmark_app 输出的信息中，可以看到在吞吐量优先模式下，推理计算并发了 6 个推理请求，100%利用 i7-12700H 的全部 6 个性能核和 8 个能效核，硬件利用率达到最大，吞吐量也达到最大，但延迟并非最小且波动较大，如图 2-11 所示。

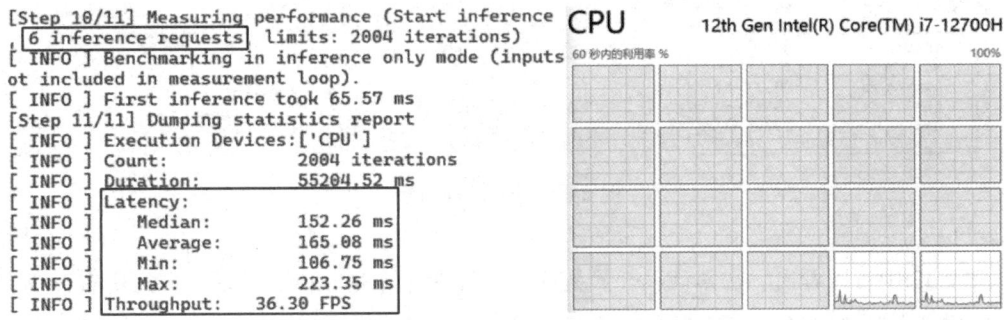

图 2-11　吞吐量优先

2.3.3　CUMULATIVE_THROUGHPUT（累计吞吐量）

无论将 PERFORMANCE_HINT 属性配置为 LATENCY，还是 THROUGHPUT，推理请求最终都运行在**一个计算设备**上。假如系统中有多个计算设备，如 CPU、集成显卡和独立显卡，如何将所有计算设备都利用上，以实现吞吐量最大化呢？

累计吞吐量，可以让开发者方便地**利用当前系统中的所有计算设备**，如图 2-12 所示。

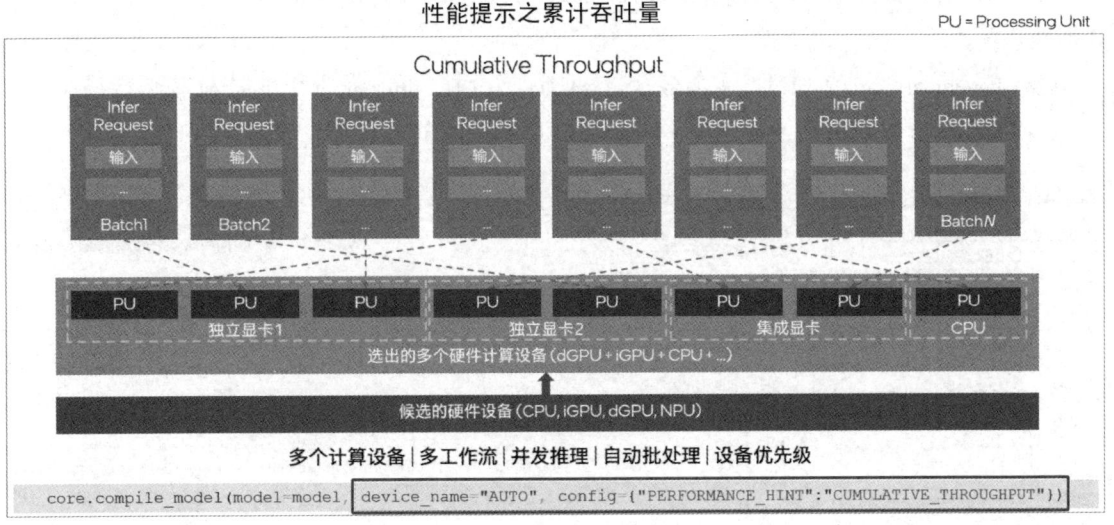

图 2-12　性能提示之累计吞吐量

把 PERFORMANCE_HINT 属性配置为 CUMULATIVE_THROUGHPUT，并指定 device_name 为 "AUTO"，即可让推理任务运行在累计吞吐量模式。

运行 benchmark_app，通过配置参数 "-d AUTO, -hint ctput" 指定 AI 模型运行在累计吞吐量模式下，如图 2-13 所示。

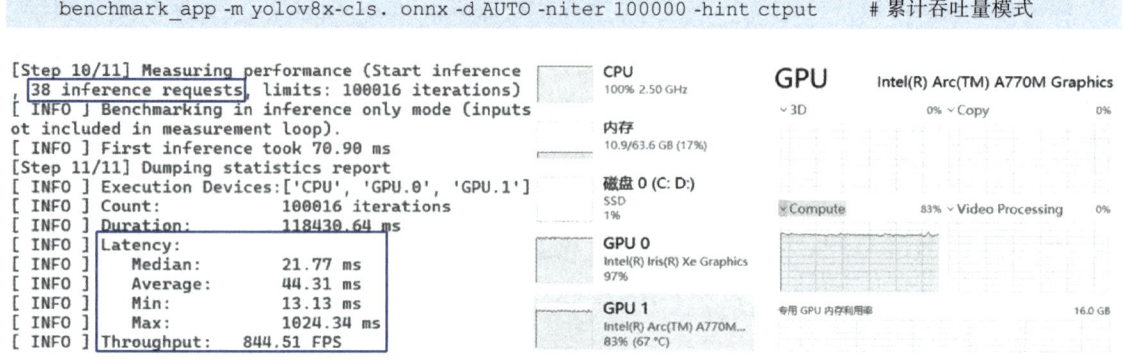

图 2-13　累计吞吐量

从图 2-13 中可以看出，在累计吞吐量模式下，推理计算充分利用了系统中的所有计算设备：CPU、集成显卡和独立显卡，创建了 38 个推理请求，吞吐量达到了 844.51FPS。

在累计吞吐量模式下，使用 "-" 号，可以将指定计算设备从候选的硬件设备中移除，例如 "AUTO：-CPU"，意思是使用系统中除 CPU 以外的所有计算设备。这样可以将 CPU 资源释放出来，让它做其他非 AI 推理计算任务，如图像数据解码、预处理、将数据从内存传入 GPU、推理结果后处理等，反而可以提升系统的整体性能。

[注意]：当系统中有两块或两块以上独立显卡，即硬件配置为 "CPU+多块独立显卡" 时，为了释放 CPU 资源，让它做其他非 AI 推理计算任务，也为了**保证独立显卡全部运行在满载状态下**，使系统的整体性能最佳，AUTO 会**默认**将 CPU 从候选的硬件设备中移除，即不让 CPU 参与 AI 推理计算。

运行 benchmark_app，通过配置参数 "-d AUTO：-CPU, -hint ctput" 指定 AI 模型运行在累计吞吐量模式下，且把 CPU 资源释放出来以做其他非 AI 推理计算任务，如图 2-14 所示。

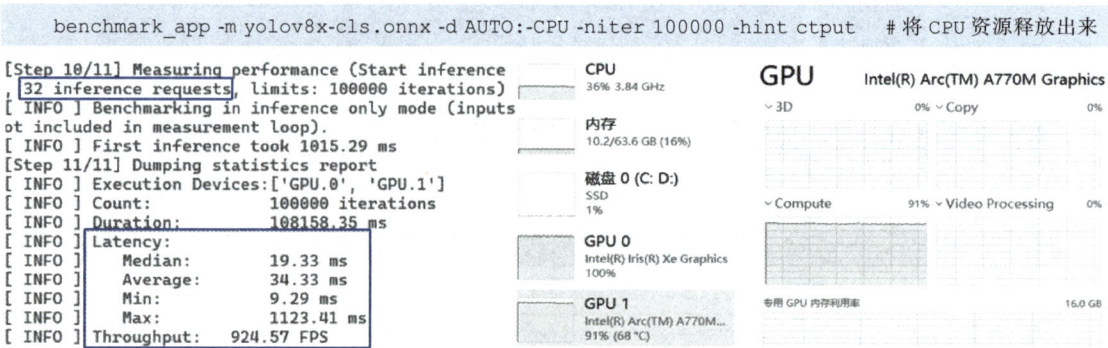

图 2-14　释放 CPU 资源以做其他非 AI 推理计算任务

从图 2-14 中可以看出，在累计吞吐量模式下，把 CPU 资源释放出来以做其他非 AI 推理计算任务，与不释放 CPU 资源相比，虽然推理任务只创建了 32 个推理请求，但平均延迟反而更低（34.33ms < 44.31ms），吞吐量反而更高（924.57 FPS > 844.51 FPS）。

2.3.4 用代码配置性能提示属性

如图 2-9 和图 2-12 所示，使用代码实现性能提示配置，只需要指定 compile_model() 方法中的 "device_name" 和 "config" 参数，如代码清单 2-3 所示。

代码清单 2-3 配置性能提示

```
ov_model_path ="./yolov8x-cls.xml"
device ="CPU"              # 此处可更换为 GPU、NPU、AUTO 等
config = {"PERFORMANCE_HINT": "THROUGHPUT"}     # 此处可更换为"LATENCY"或"CUMULATIVE_THROUGHPUT"
compiled_model = core.compile_model(model=ov_model_path, device_name=device, config=config)
```

2.4 计算设备的属性

如前节所述，开发者通过设置 PERFORMANCE_HINT 属性可以节省很多针对计算设备属性的设置工作。设备属性分下列两种。

- 只读属性（RO）：这类属性主要用于提供设备相关信息和编译模型的配置信息，如 "FULL_DEVICE_NAME" "OPTIMIZATION_CAPABILITIES" 等。这些属性可帮助用户了解当前系统或已编译模型的状态，用户不能修改它们。
- 可变属性（RW）：该属性主要服务于配置过程，能够影响模型在指定设备上的推理计算性能，如 "PERFORMANCE_HINT_NUM_REQUESTS" "ENABLE_HYPER_THREADING" 等，用户通过设置这些属性来定制化推理行为。

通过 core.get_property(device, "SUPPORTED_PROPERTIES") 可以获得指定设备 "device" 所支持的全部属性，如图 2-15 所示。

```
(ov_book) D:\>python
Python 3.11.5 | packaged by Anaconda, Inc. | (main, Sep 11 2023, 13:26:23) [MSC v.1916 64 bit (AMD64)] on win32
Type "help", "copyright", "credits" or "license" for more information.
>>> import openvino as ov
>>> core = ov.Core()
>>> core.get_property("CPU","SUPPORTED_PROPERTIES")
{'SUPPORTED_PROPERTIES': 'RO', 'AVAILABLE_DEVICES': 'RO', 'RANGE_FOR_ASYNC_INFER_REQUESTS': 'RO', 'RANGE_FOR_STREAMS': 'RO', 'EXECUTION_DEVICES': 'RO', 'FULL_DEVICE_NAME': 'RO', 'OPTIMIZATION_CAPABILITIES': 'RO', 'DEVICE_TYPE': 'RO', 'DEVICE_ARCHITECTURE': 'RO', 'NUM_STREAMS': 'RW', 'AFFINITY': 'RW', 'INFERENCE_NUM_THREADS': 'RW', 'PERF_COUNT': 'RW', 'INFERENCE_PRECISION_HINT': 'RW', 'PERFORMANCE_HINT': 'RW', 'EXECUTION_MODE_HINT': 'RW', 'PERFORMANCE_HINT_NUM_REQUESTS': 'RW', 'ENABLE_CPU_PINNING': 'RW', 'SCHEDULING_CORE_TYPE': 'RW', 'MODEL_DISTRIBUTION_POLICY': 'RW', 'ENABLE_HYPER_THREADING': 'RW', 'DEVICE_ID': 'RW', 'CPU_DENORMALS_OPTIMIZATION': 'RW', 'LOG_LEVEL': 'RW', 'CPU_SPARSE_WEIGHTS_DECOMPRESSION_RATE': 'RW', 'DYNAMIC_QUANTIZATION_GROUP_SIZE': 'RW', 'KV_CACHE_PRECISION': 'RW'}
```

图 2-15 设备属性

2.4.1 获得属性

OpenVINO™ 的 ov.Core 类和 ov.CompiledModel 类分别提供 get_property( ) 方法来获得属性，范例程序如代码清单 2-4 所示。

- ov.Core.get_property( )：用于获得指定设备的属性，与模型是否完成编译无关，有部分属性还能影响后续的模型编译。
- ov.CompiledModel.get_property( )：用于获得编译后模型的属性。

代码清单 2-4 获得属性（get_property.py）

```python
import openvino as ov
model_path ="./yolov8n-cls.onnx"
core = ov.Core()
# 使用 core.get_property()获得属性
supported_properties = core.get_property("CPU", "SUPPORTED_PROPERTIES")
print(f"core.get_property(): {supported_properties}")
# 使用 compiled_model.get_property()获得属性
model = core.compile_model(model_path, "CPU")
supported_properties = model.get_property("SUPPORTED_PROPERTIES")
print(f"\n compiled_model.get_property: {supported_properties}")
```

运行范例程序 get_property.py，结果如图 2-16 所示。

```
(ov_book) D:\chapter_2>python get_property.py
core.get_property(): {'SUPPORTED_PROPERTIES': 'RO', 'AVAILABLE_DEVICES': 'RO'
, 'RANGE_FOR_ASYNC_INFER_REQUESTS': 'RO', 'RANGE_FOR_STREAMS': 'RO', 'EXECUTI
ON_DEVICES': 'RO', 'FULL_DEVICE_NAME': 'RO', 'OPTIMIZATION_CAPABILITIES': 'RO
', 'DEVICE_TYPE': 'RO', 'DEVICE_ARCHITECTURE': 'RO', 'NUM_STREAMS': 'RW', 'AF
FINITY': 'RW', 'INFERENCE_NUM_THREADS': 'RW', 'PERF_COUNT': 'RW', 'INFERENCE_
PRECISION_HINT': 'RW', 'PERFORMANCE_HINT': 'RW', 'EXECUTION_MODE_HINT': 'RW',
 'PERFORMANCE_HINT_NUM_REQUESTS': 'RW', 'ENABLE_CPU_PINNING': 'RW', 'SCHEDULI
NG_CORE_TYPE': 'RW', 'MODEL_DISTRIBUTION_POLICY': 'RW', 'ENABLE_HYPER_THREADI
NG': 'RW', 'DEVICE_ID': 'RW', 'CPU_DENORMALS_OPTIMIZATION': 'RW', 'LOG_LEVEL'
: 'RW', 'CPU_SPARSE_WEIGHTS_DECOMPRESSION_RATE': 'RW', 'DYNAMIC_QUANTIZATION_
GROUP_SIZE': 'RW', 'KV_CACHE_PRECISION': 'RW'}

 compiled_model.get_property: {'SUPPORTED_PROPERTIES': 'RO', 'NETWORK_NAME':
'RO', 'OPTIMAL_NUMBER_OF_INFER_REQUESTS': 'RO', 'NUM_STREAMS': 'RO', 'AFFINIT
Y': 'RO', 'INFERENCE_NUM_THREADS': 'RO', 'PERF_COUNT': 'RO', 'INFERENCE_PRECI
SION_HINT': 'RO', 'PERFORMANCE_HINT': 'RO', 'EXECUTION_MODE_HINT': 'RO', 'PER
FORMANCE_HINT_NUM_REQUESTS': 'RO', 'ENABLE_CPU_PINNING': 'RO', 'SCHEDULING_CO
RE_TYPE': 'RO', 'MODEL_DISTRIBUTION_POLICY': 'RO', 'ENABLE_HYPER_THREADING':
'RO', 'EXECUTION_DEVICES': 'RO', 'CPU_DENORMALS_OPTIMIZATION': 'RO', 'LOG_LEV
EL': 'RO', 'CPU_SPARSE_WEIGHTS_DECOMPRESSION_RATE': 'RO', 'DYNAMIC_QUANTIZATI
ON_GROUP_SIZE': 'RO', 'KV_CACHE_PRECISION': 'RO'}
```

图 2-16 get_property.py 运行结果

2.4.2 设置属性

OpenVINO™ 的 ov.Core 类提供 set_property( ) 方法来设置属性，也可以通过 "config" 参数将属性设置传递给 ov.Core.compile_model( ) 方法，范例程序如代码清单 2-5 所示。

当模型编译完成后，就不能设置编译完成模型的属性了，若强行用 ov.CompiledModel.set_

property()方法来设置已编译好的模型的属性,则会收到报错信息:"It's not possible to set property of an already compiled model."。

代码清单 2-5　设置属性(set_property.py)

```python
import openvino as ov
import openvino.properties as props

model_path ="./yolov8n-cls.onnx"
core = ov.Core()

# 使用core.get_property()获取属性
model_priority = core.get_property("AUTO", "MODEL_PRIORITY")
print(f"Model Priority: {model_priority}")

# 使用core.set_property()改变模型属性
print("Change the model priority by core.set_property() ")
core.set_property("AUTO", {"MODEL_PRIORITY": props.hint.Priority.HIGH})
model_priority = core.get_property("AUTO", "MODEL_PRIORITY")
print(f"Model Priority: {model_priority}")

# 在编译模型前,使用config参数改变模型属性
print("change the model priority by config before compiling model")
config = {"MODEL_PRIORITY": props.hint.Priority.LOW}
compiled_model = core.compile_model(model_path,"AUTO", config)
model_priority = compiled_model.get_property("MODEL_PRIORITY")
print(f"Model Priority: {model_priority}")
```

运行范例程序 set_property.py,结果如图 2-17 所示。

```
(ov_book) D:\chapter_2>python set_property.py
Model Priority: Priority.MEDIUM
Change the model priority by core.set_property()
Model Priority: Priority.HIGH
change the model priority by config before compiling model
Model Priority: Priority.LOW
```

图 2-17　set_property.py 运行结果

通过"config"参数在编译模型前将所有属性设置传递给 ov.Core.compile_model()方法是最常用的设置属性的编程风格(code style),本书接下来都会使用这种风格来设置属性。

2.5　推理请求数量(Number of Infer Requests)

在 OpenVINO™ 中,推理请求(Infer Request)是一个在计算设备上执行 AI 模型推理计算的实例,允许开发者输入数据,启动推理计算,并获取推理结果。

推理请求类的定义参见 infer_request.hpp 文件:https://github.com/openvinotoolkit/openvino/blob/master/src/inference/include/openvino/runtime/infer_request.hpp。

读者在用 benchmark_app 做性能测试时常有疑问：为什么书中范例所示的推理计算并发了 6 个推理请求，而在自己计算机上运行同样的命令，并发的推理请求数却不是 6 个呢？这是由于不同的计算设备具有不同数量的处理单元（Processing Unit），因此有不同的最佳推理请求数。

2.5.1 最佳推理请求数

不同的计算设备具有不同数量的处理单元，推理请求的创建数量最好与计算设备的处理单元数量匹配，使得计算设备的利用率最大化和吞吐量最大化。

通过"OPTIMAL_NUMBER_OF_INFER_REQUESTS"属性可以查到计算设备在吞吐量优先或延迟优先模式下的最佳推理请求数，如代码清单 2-6 所示。

代码清单 2-6　optimal_number_of_infer_requests.py

```python
import openvino as ov
# 设置模型路径
ov_model_path = "./yolov8x-cls.xml"
config = {"PERFORMANCE_HINT": "THROUGHPUT"}        # 可改为 LATENCY
def main():
    # 创建 Core 对象
    core = ov.Core()
    # 获得当前系统中的计算设备
    devices = core.available_devices
    for device in devices:
        # 输出计算设备的完整型号
        device_name = core.get_property(device,"FULL_DEVICE_NAME")
        print(f"{device}: {device_name}")
        # 输出计算设备的最佳推理请求数
        compiled_model = core.compile_model(ov_model_path,device_name=device, config=config)
        num_requests = compiled_model.get_property("OPTIMAL_NUMBER_OF_INFER_REQUESTS")
        print(f"OPTIMAL_NUMBER_OF_INFER_REQUESTS={num_requests}")
if __name__ == '__main__':
    main()
```

运行 optimal_number_of_infer_requests.py，如图 2-18 所示，可获得在吞吐量优先模式下，CPU（Intel® Core™ Ultra 5 125H）、集成显卡（Intel® Arc™ Graphics）和 NPU（Intel® AI Boost）的最佳推理请求数都为 4。

```
(ov_book) D:\chapter_2>python optimal_number_of_infer_requests.py
{'PERFORMANCE_HINT': 'THROUGHPUT'}
CPU: Intel(R) Core(TM) Ultra 5 125H
OPTIMAL_NUMBER_OF_INFER_REQUESTS=4
GPU: Intel(R) Arc(TM) Graphics (iGPU)
OPTIMAL_NUMBER_OF_INFER_REQUESTS=4
NPU: Intel(R) AI Boost
OPTIMAL_NUMBER_OF_INFER_REQUESTS=4
```

图 2-18　吞吐量优先模式下的最佳推理请求数

在延迟优先模式下，CPU（Intel® Core™ Ultra 5 125H）、集成显卡（Intel® Arc™ Graphics）和 NPU（Intel® AI Boost）的最佳推理请求数都为 1，如图 2-19 所示。

```
(ov_book) D:\chapter_2>python optimal_number_of_infer_requests.py
{'PERFORMANCE_HINT': 'LATENCY'}
CPU: Intel(R) Core(TM) Ultra 5 125H
OPTIMAL_NUMBER_OF_INFER_REQUESTS=1
GPU: Intel(R) Arc(TM) Graphics (iGPU)
OPTIMAL_NUMBER_OF_INFER_REQUESTS=1
NPU: Intel(R) AI Boost
OPTIMAL_NUMBER_OF_INFER_REQUESTS=1
```

图 2-19　延迟优先模式下的最佳推理请求数

需要注意的是，在有多个 CPU 的服务器系统中，延迟优先模式下的 CPU 的最佳推理请求数通常为系统中 CPU 的个数。

2.5.2　用代码设置推理请求数

OpenVINO™ 提供了一个 PERFORMANCE_HINT_NUM_REQUESTS 属性，它可以使开发者配置推理请求数量，如代码清单 2-7 所示。开发者可以任意设置推理请求数，但超过最佳推理请求数后，计算设备利用率不会再提高了。

另外，由于推理请求的数量超过计算设备的处理单元数量，导致推理请求之间的调度开销变大，吞吐量反而会降低，延迟的抖动也会增大。

代码清单 2-7　设置推理请求数

```
ov_model_path  ="./yolov8x-cls.xml"
device ="CPU"           # 此处可更换为 GPU、NPU、AUTO 等
config = {"PERFORMANCE_HINT": "THROUGHPUT",
       "PERFORMANCE_HINT_NUM_REQUESTS": "4"}  # 设置推理请求数为 4
compiled_model = core.compile_model(model=ov_model_path, device_name=device, config=config)
```

2.6　自动批处理（Automatic Batching）

GPU 拥有多个计算核心，如英特尔®锐炫™独立显卡的 X^e-core 核心，如图 2-20 所示，这些核心可以同时执行相同的任务，这也意味着 GPU 可以同时对大量数据进行相同的操作。像 GPU 这样拥有多个计算核心的设备，称为批处理设备（Batch Device）。

图 2-20　X^e-core 核心

当执行单个推理请求时,批处理设备的计算核心无法得到充分利用。通过将多个推理请求合并成一个批次,统一送入批处理设备并行处理,可以有效提高批处理设备的计算核心和其他资源的利用率,从而提高整体吞吐量并降低平均延迟。

2.6.1 启用自动批处理

自动批处理执行模式(简称自动批处理)通过自动将用户程序发出的多个异步推理请求组合在一起,形成一个批次,统一发送到像 GPU 这样的批处理设备中并行处理,然后自动将这个批次的推理结果拆解,返回给各推理请求。整个过程无须编写程序,配置属性即可。

对于批处理设备,当将 compile_model() 方法中的"device_name"设置为"GPU"或"AUTO",并将"config"参数中的 PERFORMANCE_HINT 属性配置为 THROUGHPUT 或 CUMULATIVE_THROUGHPUT 后,无须其他额外配置。OpenVINO™ Runtime 为了高效利用批处理设备的资源,会**自动启用自动批处理**,如代码清单 2-8 所示。

代码清单 2-8　在 GPU 上自动启用自动批处理

```
device ="GPU"                #隐式启用自动批处理
config = {"PERFORMANCE_HINT": "THROUGHPUT"}  # 此处可更换为"CUMULATIVE_THROUGHPUT"
compiled_model = core.compile_model(model=ov_model_path, device_name=device, config=config)
```

对于非批处理设备,如 CPU,需要将 compile_model() 方法中的"device_name"设置为"BATCH:CPU(16)",16 意味着把 16 个推理请求组成一个批次;将"config"参数中的 PERFORMANCE_HINT 属性配置为 THROUGHPUT,才能在 CPU 上手动启用自动批处理,如代码清单 2-9 所示。

代码清单 2-9　在 CPU 上手动启用自动批处理

```
device ="BATCH:CPU(16)"       #显式启用自动批处理
config = {"PERFORMANCE_HINT": "THROUGHPUT"}
compiled_model = core.compile_model(model=ov_model_path, device_name=device, config=config)
```

2.6.2 设置批尺寸

当自动批处理启动后,OpenVINO™ Runtime 会在收集到等于批大小(Batch Size)数量的推理请求后才启动一批次的推理计算;若没有收到批大小数量的推理请求,OpenVINO™ Runtime 会一直等待,直到超时,即等待时间超过 AUTO_BATCH_TIMEOUT。

由上述内容可知,自动批处理的批尺寸设置过大,反而会因为要等待足够的推理请求,导致系统的平均延迟增大,整体吞吐量下降。

设置批处理的批尺寸的最佳方式是:在不超过计算设备的最佳推理请求数的情况下,与并行输入数据的数量一致。例如,有 4 路视频并行输入,则批尺寸的最佳设置为 4。

通过设置"PERFORMANCE_HINT_NUM_REQUESTS"属性,可以指定自动批处理的批尺寸,如代码清单 2-10 所示。

代码清单 2-10　设置自动批处理的批尺寸

```
ov_model_path  ="./yolov8x-cls.xml"
device ="GPU"
config = {"PERFORMANCE_HINT": "THROUGHPUT",
          "PERFORMANCE_HINT_NUM_REQUESTS": "4"}   # 设置自动批处理的批尺寸为 4
compiled_model = core.compile_model(model=ov_model_path, device_name=device, config=config)
```

2.6.3　设置自动批处理超时

当自动批处理启动后，OpenVINO™ Runtime 默认会将 AUTO_BATCH_TIMEOUT（自动批处理超时）设置为 1000ms。若想增加或缩短超时时间，可以设置"AUTO_BATCH_TIMEOUT"属性，如代码清单 2-11 所示。

代码清单 2-11　设置自动批处理的超时时间

```
ov_model_path  ="./yolov8x-cls.xml"
device ="GPU"
config = {"PERFORMANCE_HINT": "THROUGHPUT",
          "PERFORMANCE_HINT_NUM_REQUESTS": "4",   # 设置自动批处理的批尺寸为 4
          "AUTO_BATCH_TIMEOUT": "500"}            # 设置超时时间为 500ms
compiled_model = core.compile_model(model=ov_model_path, device_name=device, config=config)
```

2.7　模型缓存（Model Caching）

将模型编译到 GPU 通常需要数秒时间，而使用模型缓存技术，可以在首次编译模型时，将编译好的模型导出并保存在硬盘上，在第二次或之后加载模型时，直接从硬盘中载入编译好的模型到 GPU，这样可以**节省编译模型的时间**，如图 2-21 所示。

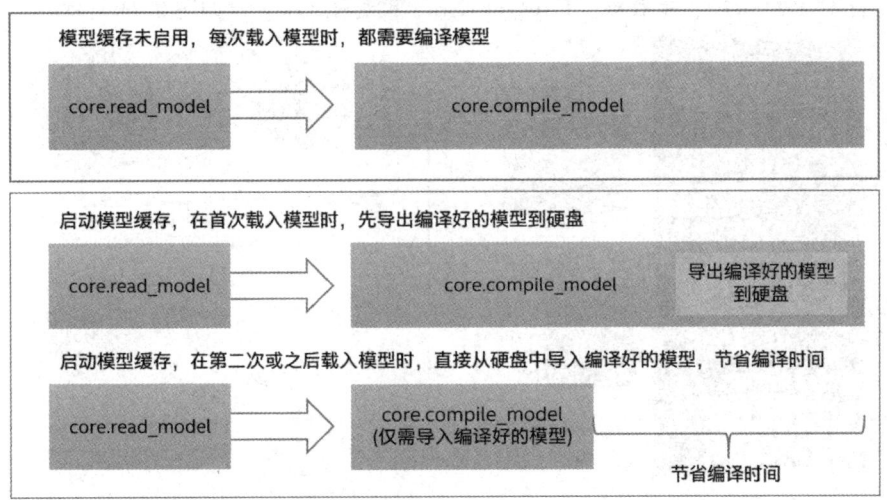

图 2-21　模型缓存节省编译模型时间

运行 benchmark_app，通过配置参数 "-cdir ./cache" 启动模型缓存，并将编译好的模型自动保存在指定的 "./cache" 文件夹下。首次运行时，模型编译时间为 13317.41ms；第二次运行时，模型编译时间为 1611.03ms，模型编译时间优化明显，如图 2-22 所示。

```
benchmark_app -m yolov8x-cls.onnx -d GPU -cdir ./cache
```

```
首次运行：模型编译时间13317.41ms    二次运行：模型编译时间1611.03ms
[Step 7/11] Loading the model to the device  [Step 7/11] Loading the model to the device
[ INFO ] Compile model took 13317.41 ms      [ INFO ] Compile model took 1611.03 ms
[Step 8/11] Querying optimal runtime param   [Step 8/11] Querying optimal runtime parameters
[ INFO ] Model:                              [ INFO ] Model:
[ INFO ]   OPTIMAL_NUMBER_OF_INFER_REQUEST   [ INFO ]   OPTIMAL_NUMBER_OF_INFER_REQUESTS: 16
[ INFO ]   NETWORK_NAME: main_graph          [ INFO ]   NETWORK_NAME:
[ INFO ]   EXECUTION_DEVICES: ['GPU.0']      [ INFO ]   EXECUTION_DEVICES: ['GPU.0']
[ INFO ]   AUTO_BATCH_TIMEOUT: 1000          [ INFO ]   AUTO_BATCH_TIMEOUT: 1000
```

图 2-22　模型缓存优化模型编译时间效果明显

OpenVINO™ 提供了一个 CACHE_DIR 属性，它可以使开发者启动模型缓存，并指定模型缓存路径，如代码清单 2-12 所示。

代码清单 2-12　启动模型缓存，并指定模型缓存路径

```
ov_model_path ="./yolov8x-cls.xml"
device ='GPU'
# 配置性能优化属性
config = {"PERFORMANCE_HINT": "THROUGHPUT"}    # 可改为"LATENCY"或"CUMULATIVE_THROUGHPUT"
config['CACHE_DIR'] = './cache'                 # 启动模型缓存,并指定模型缓存路径
compiled_model = core.compile_model(ov_model_path, device_name=device, config=config)
```

2.8　线程调度（Thread Scheduling）

英特尔®第 12 代酷睿™及其以上版本的 CPU 采用混合构架，其内核分为：性能核（Performance Core，简称 P-Core）和能效核（Efficient Core，简称 E-Core），如图 2-23 所示。

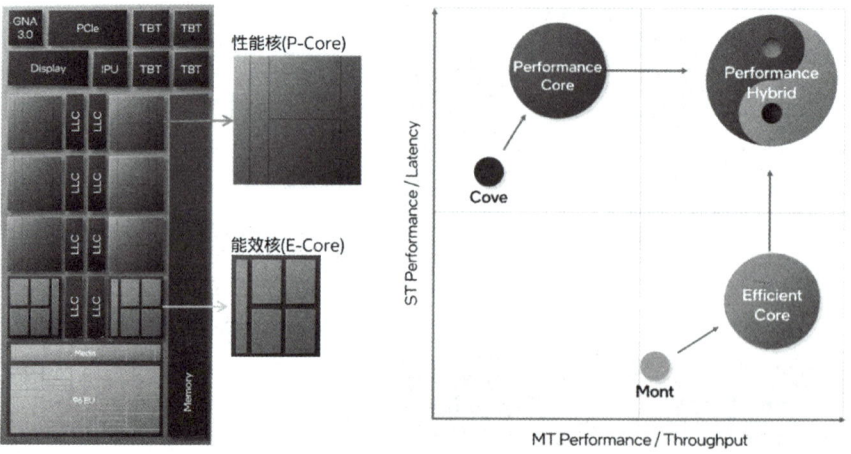

图 2-23　混合构架：性能核+能效核

性能核设计用于处理单线程或轻线程性能要求高的任务，具有更高的最大单核频率和更大的缓存，以提供最佳的单线程性能，适用于需要较高单核性能的应用，如游戏、专业级应用和内容创作软件。

能效核设计用于多线程工作负载，每个核的功耗和频率较低，能够在较低的功耗下提供较高的吞吐量，适用于后台任务、多任务处理和那些不需要太高单核性能的应用。

通过这种混合架构，实现最佳的整体性能和能效平衡，使得处理器能够根据运行的应用智能地分配工作负载。

OpenVINO™提供了一个SCHEDULING_CORE_TYPE属性，用于指定AI推理计算的线程运行在任意核（ANY_CORE）、仅运行在性能核（PCORE_ONLY，见代码清单2-13）或者仅运行在能效核（ECORE_ONLY）。

代码清单2-13　设置推理计算线程仅运行在性能核上

```
ov_model_path ="./yolov8x-cls.xml"
device ='GPU'
# 配置性能优化属性
config = {"PERFORMANCE_HINT": "THROUGHPUT"}  # 可改为"LATENCY"或"CUMULATIVE_THROUGHPUT"
Config['SCHEDULING_CORE_TYPE'] = 'PCORE_ONLY' # 可改为 ANY_CORE 或 ECORE_ONLY
compiled_model = core.compile_model(ov_model_path, device_name=device, config=config)
```

2.9　共享内存（Shared Memory）

在使用OpenVINO™ Runtime Python API 的 CompiledModel、InferRequest 和 AsyncInferQueue 对象来启动推理计算时，可以通过在模型的输入或输出端，启用或禁用"共享内存"（Shared Memory）来减少数据的复制操作，优化延迟性能。

共享内存采用的是"零拷贝"（Zero-copy）技术，意味着数据不需要在应用程序和推理引擎之间进行实际的复制操作。这样一来，将输入数据设置到模型中时的开销被降到最低，因为数据可以直接在内存中共享而无须复制，大大提高了效率，尤其是在处理大数据量输入的场景中。

2.9.1　输入共享内存

输入共享内存（Shared Memory on Inputs）即在模型输入端共享内存，实现数据的零拷贝，对于不同的API，输入共享内存的启用是不一样的。

- 在 CompiledModel 的__call__方法中，输入共享内存是**默认启用**的。
- 在 InferRequest.infer 和 InferRequest.start_async 这两种方法中，输入共享内存是**默认不启用**的，需要开发者手动将 share_inputs 标志设置为 True 来启用输入共享内存，如代码清单2-14所示。

代码清单2-14　手动启用输入共享内存

```
# 启用输入共享内存
result = ir.infer({input_node:blob}, share_inputs=True)[output_node][0]
```

2.9.2 输出共享内存

输出共享内存（Shared Memory on Outputs）即在模型输出端共享内存，实现数据的零拷贝。对于所有的 API，输出共享内存的默认情况都是禁用，这意味着如果想要利用共享内存来优化输出数据的处理，以减少数据复制和提高效率，则可以显式地将 share_outputs 标志设置为 True，如代码清单 2-15 所示。

代码清单 2-15　手动启用输出共享内存

```
# 启用输出共享内存
result = ir.infer({input_node:blob},share_outputs=True)[output_node][0]
```

共享内存模式通过利用操作系统级的共享内存机制，减少了在输入输出数据处理过程中不必要的数据复制操作，从而提高了数据处理速度和整体应用性能，特别是在涉及大数据传输的深度学习推理应用场景中。

在应用共享内存时，需要注意，在多线程环境中使用共享内存时，确保有清晰的控制逻辑来管理共享数据访问，避免数据在被一个线程使用时却被另一个线程修改。

2.10　编写带属性配置的 OpenVINO™ 同步推理程序

不管 AI 模型是什么，AI 同步推理程序的处理流程都可以**模板化**为：在完成初始化工作（如配置属性、编译模型、初始化摄像头等）后，进入 AI 同步推理计算循环，如图 2-24 所示。AI 同步推理计算循环完成四件事：采集图像数据、数据预处理、执行推理计算并获得结果、对推理结果进行后处理。接下来将以四个完整范例为例，分别讲解分类模型、目标检测模型、实例分割模型和关键点检测模型的 AI 同步推理程序。

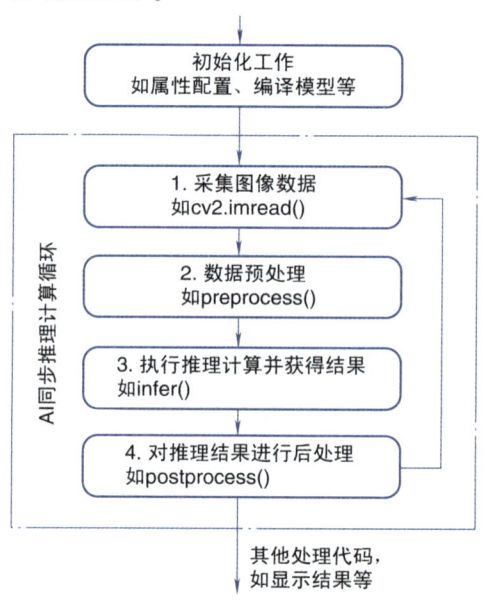

图 2-24　AI 同步推理程序典型流程图

2.10.1 创建推理请求对象

在第 1 章中介绍了 CompiledModel 类的 __call__() 方法，该方法把创建推理请求方法 create_infer_request() 和同步推理计算方法 infer() 封装到一起，如代码清单 2-16 所示。

代码清单 2-16　CompiledModel 类的 __call__() 方法

```python
# CompiledModel 类中的 __call__ 方法
def __call__(
    self,
    inputs: Any = None,
    share_inputs: bool = True,
    share_outputs: bool = False,
    *,
    decode_strings: bool = True,
) -> OVDict:
    """Callable infer wrapper for CompiledModel.
    Infers specified input(s) in synchronous mode.
    Blocks all methods of CompiledModel while request is running.
    Method creates new temporary InferRequest and run inference on it """
    if self._infer_request is None:
        self._infer_request = self.create_infer_request()  # 创建推理请求

    return self._infer_request.infer(  # 以阻塞方式执行推理计算
        inputs,
        share_inputs=share_inputs,
        share_outputs=share_outputs,
        decode_strings=decode_strings,
    )
```

这样做的好处是，能够让开发者把 compiled_model 对象当作函数，用直接调用的方式，一行 Python 代码即可实现同步推理计算，如代码清单 2-17 所示。

代码清单 2-17　把 compiled_model 对象当成函数来直接调用

```python
# 执行推理计算,并从输出节点 output_node 中获取推理结果
result = compiled_model({input_node:blob})[output_node][0]
```

若开发者需要用到推理请求（Infer Request）对象中的属性（如 latency、profiling_info 等）或者方法（如 infer()、start_async()、wait() 等），就需要手动调用 create_infer_request() 来创建推理请求对象，如代码清单 2-18 所示。

代码清单 2-18　创建推理请求对象

```python
# 从指定路径读取并编译模型
compiled_model = core.compile_model(model=ov_model_path, device_name=device, config=config)
# 创建推理请求对象
ir = compiled_model.create_infer_request()
```

2.10.2　阻塞式推理计算方法：infer( )

阻塞式函数（Blocking Function）在其执行过程中，会阻止程序的其他部分继续执行。也就是说，当函数开始执行时，直到函数完成其任务或者达到某个等待条件之前，程序的控制权不会返回到函数调用的地方，这可能会导致用户界面冻结或者响应变慢，因为在阻塞式函数执行期间，程序的其他部分无法运行。

阻塞式函数/方法通常在同步编程（Synchronous Programming）中使用，推理请求对象提供一个阻塞式推理计算方法：infer( )，用于实现同步推理计算，其调用方式，如图 2-25 所示。

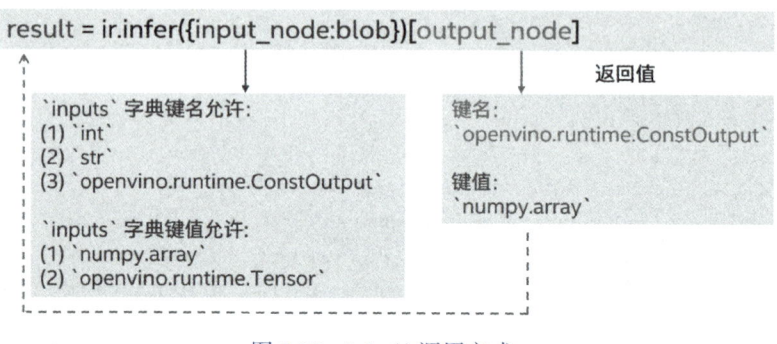

图 2-25　infer( )调用方式

本章的范例需要用到推理请求对象中的属性 latency，所以，在初始化部分，用 create_infer_request( )创建推理请求；在执行推理计算部分，用 infer( )实现阻塞式推理计算，并从属性 latency 中获得本次推理计算的延迟时间。

2.10.3　基于 YOLOv8-cls 分类模型的同步推理程序

OpenVINO™同步推理程序的属性设置推荐：独立显卡+延迟优先+共享内存，如图 2-26 所示，另外再加上模型缓存，优化针对 GPU 的模型编译时间。

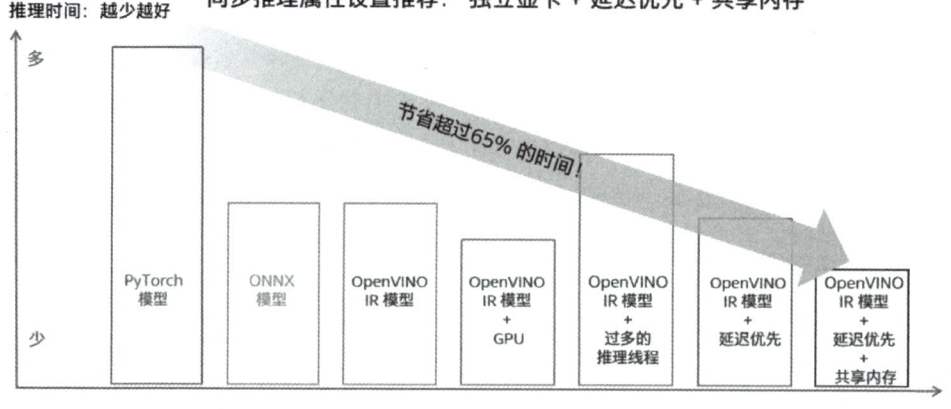

图 2-26　同步推理属性设置推荐

在初始化部分,OpenVINO™ 运行时属性设置,如代码清单 2-19 所示。

代码清单 2-19　OpenVINO™ 运行时属性设置

```
# 指定模型路径
ov_model_path ="./yolov8x-cls.xml"
# 指定计算设备
device ="GPU.1"                                  # 指定英特尔独立显卡 GPU.1
# 设置 OpenVINO 运行时属性:同步推理,配置为延迟优先
config = {"PERFORMANCE_HINT": "LATENCY"}         # 同步推理,一般配置为延迟优先
config["CACHE_DIR"] = "./cache"                  # 启动模型缓存,并指定模型缓存路径
# 从指定路径读取并编译模型
compiled_model = core.compile_model(model=ov_model_path, device_name=device, config=config)
```

AI 同步推理计算循环部分主要由 4 个步骤组成:读取数据图像、数据预处理、执行推理计算并获得结果、对推理结果进行后处理,如代码清单 2-20 所示。

代码清单 2-20　AI 同步推理计算循环部分代码

```
# OpenVINO 同步推理计算循环并统计性能
# 设置执行次数
num_iterations =100
latency = []
total_time =0.0
for _ in range(num_iterations):
    #1. 读取一帧图像
    ret, frame = cap.read()
    # 如果读取不成功,则退出
    if not ret:
        print("Error: fail to read an image!")
        break

    #2. 数据预处理
    blob = preprocess_image(frame)

    #3. 执行推理计算并获得结果
    start_time = time.time()
    # 启用输入共享内存
    result = ir.infer({input_node:blob}, share_inputs=True)[output_node][0]
    latency.append(ir.latency)              # 获取推理计算的延迟时间
    end_time = time.time()
    total_time += end_time - start_time

    #4. 对推理结果进行后处理
    top5_index =postprocess_output(result)
```

完整程序参见 yolov8_cls_sync_infer.py,运行结果如图 2-27 所示。

```
(ov_book) D:\chapter_2>python yolov8_cls_sync_infer.py
OpenVINO version: 2024.1.0-15008-f4afc983258-releases/2024/1
CPU: 12th Gen Intel(R) Core(TM) i7-12700H
GPU.0: Intel(R) Iris(R) Xe Graphics (iGPU)
GPU.1: Intel(R) Arc(TM) A770M Graphics (dGPU)
Open camera successfully!
The Top-5 predicted categories: street_sign 0.13, bookcase 0
.12, sliding_door 0.11, bookshop 0.08, prison 0.06,
MIN Latency: 3.16ms
MEAN Latency: 3.59ms
MAX Latency: 5.57ms
ir.infer() executed 300 iterations, total time: 1.1225s
Throughput: 267.26 FPS
```

图 2-27　yolov8_cls_sync_infer.py 运行结果

2.10.4　基于 YOLOv8 目标检测模型的同步推理程序

如上文所述，不管 AI 模型是什么，AI 同步推理程序的处理流程都可以**模板化**为图 2-24 的"初始化+四个标准步骤"。当把 YOLOv8x-cls 分类模型改为 YOLOv8s 目标检测模型时，只需要把 yolov8_cls_sync_infer.py 中针对 YOLOv8x-cls 分类模型的数据预处理和对推理结果进行后处理改为针对 YOLOv8s 目标检测模型的数据预处理和推理结果后处理，其余部分保持不变。

运行下列命令导出 yolov8s.onnx 模型，并将其转换为 OpenVINO™ IR 格式模型。

```
yolo export model=yolov8s.pt format=onnx        # 导出 yolov8s.onnx 模型
ovc yolov8s.onnx                                # 转换为 OpenVINO™ IR 格式模型
```

用 https://netron.app 打开 yolov8s.onnx，如图 2-28 所示，可以看到模型的输入是形状为 [1,3,640,640] 的张量，按 NCHW 格式排列；输出是形状为 [1,84,8400] 的张量，其中 "84" 的定义为：cx、cy、h、w 和 80 种类别的分数，"8400" 是指 YOLOv8 的 3 个检测头在图像尺寸为 640×640 像素时，有 8400（640/8 = 80，640/16 = 40，640/32 = 20，80×80+40×40+20×20 = 8400）个输出单元格。

图 2-28　yolov8s.onnx 模型的输入和输出

由 Ultralytics 的 predictor.py 中的 pre_transform() 可知，YOLOv8 系列目标检测模型使用 letterbox 算法对输入图像进行**保持原始宽高比**的放缩，据此，YOLOv8 系列目标检测模型的预处理函数实现，如代码清单 2-21 所示。

代码清单 2-21　YOLOv8 系列目标检测模型的预处理函数

```python
from ultralytics.data.augment import LetterBox
# 实例化 LetterBox
letterbox = LetterBox()
# 预处理函数
def preprocess_image(image: np.ndarray, target_size=(640, 640))->np.ndarray:
    image = letterbox(image)              # YOLOv8 用 letterbox 按保持图像原始宽高比方式放缩图像
    blob = cv2.dnn.blobFromImage(image, scalefactor=1 / 255, size=target_size, swapRB=True)
    return blob
```

YOLOv8 系列目标检测模型的后处理函数首先用非极大值抑制 non_max_suppression( ) 算法去除冗余候选框，然后根据 letterbox 的放缩方式，用 scale_boxes( ) 函数将检测框的坐标点还原到原始图像上，如代码清单 2-22 所示。

代码清单 2-22　YOLOv8 系列目标检测模型的后处理函数

```python
# 后处理函数:从推理结果[1,84,8400]的张量中拆解出检测框、置信度和类别
def postprocess(pred_boxes, input_hw, orig_img, min_conf_threshold = 0.25,
                nms_iou_threshold = 0.7, agnosting_nms = False, max_detections = 300):
    # 用非极大值抑制 non_max_suppression()算法去除冗余候选框
    nms_kwargs = {"agnostic": agnosting_nms, "max_det":max_detections}
    pred = ops.non_max_suppression(torch.from_numpy(pred_boxes),
                                   min_conf_threshold,
                                   nms_iou_threshold,
                                   nc=80,
                                   **nms_kwargs
                                   )[0]
    # 用 scale_boxes()函数将检测框的坐标点还原到原始图像上
    shape = orig_img.shape
    pred[:, :4] = ops.scale_boxes(input_hw, pred[:, :4], shape).round()

    return pred
```

程序的初始化工作和 AI 同步推理计算循环几乎没有变化，详细参见：yolov8_od_sync_infer.py，其运行结果，如图 2-29 所示。

图 2-29　yolov8_od_sync_infer.py 运行结果

2.10.5 基于 YOLOv8-seg 实例分割模型的同步推理程序

上文通过 YOLOv8-cls 分类模型和 YOLOv8 系列目标检测模型介绍过,不管 AI 模型是什么,AI 同步推理程序的处理流程都可以**模板化**为图 2-24 所示的"初始化+四个标准步骤",既然已经模板化,那么在用 OpenVINO™ 开发推理程序时,可以考虑**复用别人已经开发好的前处理和后处理程序**,这样可以极大简化推理程序开发和测试工作。

本节以开发 YOLOv8-seg 实例分割模型的同步推理程序为例,讲解如何复用已开发好的图像采集、YOLOv8-seg 模型前处理和后处理程序,达到简化开发工作的目的。

首先,运行下列命令导出 yolov8s-seg.onnx 模型。

```
yolo export model=yolov8s-seg.pt format=onnx    # 导出 yolov8s-seg.onnx 模型
```

然后,使用 Ultralytics 工具包 API,实现 YOLOv8-seg 实例分割模型的同步推理程序,如代码清单 2-23 所示,参考链接:https://docs.ultralytics.com/tasks/segment/#predict。

代码清单 2-23 用 Ultralytics 工具包 API 实现 YOLOv8-seg 实例分割模型的同步推理程序

```python
from ultralytics import YOLO
model_path =r".\yolov8s-seg.onnx"
IMAGE_PATH =r".\coco_bike.jpg"

# 用 Ultralytics 工具包 API 实现 YOLOv8-seg 实例分割模型的同步推理程序
seg_model = YOLO(model_path,task="segment")
seg_model(IMAGE_PATH)
```

接着,用 OpenVINO™ 实现 YOLOv8-seg 推理计算函数,然后替换 YOLOv8-seg 的原生推理计算函数,如代码清单 2-24 所示。

代码清单 2-24 yolov8_seg_sync_infer.py

```python
from ultralytics import YOLO
import torch, time
import openvino as ov

model_path =r".\yolov8s-seg.onnx"
IMAGE_PATH =r".\coco_bike.jpg"

# 用 Ultralytics 工具包 API 实现 YOLOv8-seg 实例分割模型的同步推理程序
seg_model = YOLO(model_path,task="segment")
seg_model(IMAGE_PATH)

# 使用 OpenVINO 实现推理计算
core = ov.Core()
device ="GPU.1"                                          # 指定英特尔独立显卡 GPU.1
config = {"PERFORMANCE_HINT": "LATENCY"}                 # 同步推理,一般配置为延迟优先
#1. 编译模型到 GPU 上
compiled_model = core.compile_model(model_path, device, config)
#2. 替代 YOLOv8-seg 的原生推理计算方法
def ov_infer(*args):
```

```
        result = compiled_model(args)
        return torch.from_numpy(result[0]), torch.from_numpy(result[1])
seg_model.predictor.inference = ov_infer
# 3. 执行基于 OpenVINO 的推理计算,并复用 YOLOv8-seg 的原生前、后处理程序
seg_model(IMAGE_PATH, show=True)
```

yolov8_seg_sync_infer.py 运行结果,如图 2-30 所示,从图中可以看出,通过将 YOLOv8-seg 模型的原生推理计算函数替换为基于 OpenVINO™ 的推理计算函数,运行在英特尔®锐炫™ A770m 独立显卡上,可以使推理速度大大提升(从 105.4ms 提升到 9.0ms)。

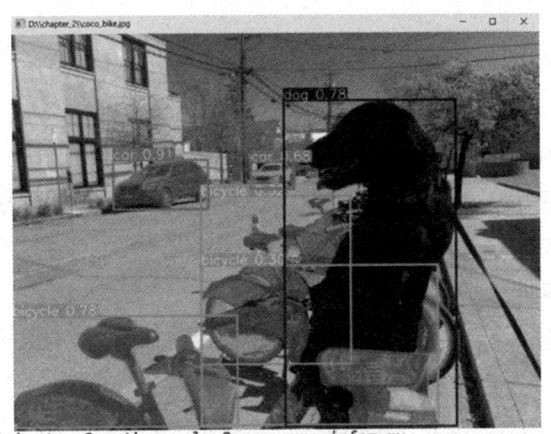

图 2-30　yolov8_seg_sync_infer.py 运行结果

读者可参考本节介绍的方法,自行实现 YOLOv8-pose 和 YOLOv8-obb 模型的 OpenVINO™ 同步推理程序。

2.11　本章小结

本章首先介绍了评价 AI 推理计算性能的典型指标,以此为评价指标介绍了无须编写代码,仅靠配置 OpenVINO™ 运行时属性即可实现的 AI 模型性能优化技巧,并得出基于 OpenVINO™ 的同步推理程序的推荐属性设置是:独立显卡+延迟优先+共享内存。

然后介绍了如何将基于属性配置优化 AI 模型推理计算性能的技巧应用在第 1 章中提供的 yolov8_cls_infer.py 上,展示了如何通过属性配置提升其推理计算性能。

最后介绍了如何将优化技巧应用在 YOLOv8 系列目标检测模型和 YOLOv8-seg 实例分割模型上,详细介绍了 OpenVINO™ 的同步推理程序开发方法并给出了完整范例和测试结果。

第 3 章将介绍如何使用模型量化技术,进一步提升 AI 推理计算性能。

第 3 章
模型量化技术

第 2 章介绍了通过配置 OpenVINO™ 运行时属性来实现 AI 推理计算性能优化，本章将详细介绍通过使用 NNCF（神经网络压缩框架）将模型精度量化为 INT8 来实现 AI 推理计算性能的进一步提升。

阅读本章前，请先复制本书的范例代码仓到本地：

```
git clone https://github.com/openvino-book/openvino_handbook.git
```

3.1 深度学习中常见的数据类型

在深度学习中，常见的数据类型有 FP32、FP16、BF16、INT8 和 INT4 等；从内存角度来看，这些数据都是一定位宽的"二进制"数，其中数字代表位宽，例如：
- FP32 表示 32 位（即 4 字节）的单精度浮点数；
- FP16 表示 16 位（即 2 字节）的半精度浮点数；
- BF16 表示 16 位（即 2 字节）的面向深度学习优化的脑浮点（Brain Floating）数；
- INT8 表示 8 位的整数；
- INT4 表示 4 位的整数。

这里的"FP"代表"浮点数"，"BF"代表"脑浮点数"，而"INT"则代表"整数"。

3.1.1 如何用二进制表示浮点数

数据类型用于定义数据在计算机内存中的存储方式、所占空间大小、表示形式以及可以对该数据执行的操作集。选择正确的数据类型对编写高效、可靠和易于维护的代码至关重要。它影响着程序的内存使用、执行速度以及数据的表示精确度。

浮点数标准 IEEE 754 定义了如何用二进制表示浮点数，如图 3-1 所示。
- Sign（符号）：由第 32 位表示数值的正负。若为 1，则表示该数为负；若为 0，则为正。
- Exponent（指数）：由第 24~31 位共 8 位组成。为了得到实际的指数值，需要从这 8 位表示的无符号二进制数中减去 127（偏置值）。例如，如果这 8 位的二进制值为 01111111，则实际的指数值为 127-127 = 0；如果是 10000000，则实际指数值为 128-127=1。
- Mantissa（尾数）：存储在第 1~23 位，共 23 位；在计算尾数的实际值时，假设在这些存储的位之前还有一个隐含的、未存储的最高位，其值总是 1（这称为"隐藏的 1"或"领导位"）。这意味着实际的尾数值是一个 1 后面跟着尾数部分表示的小数。从第 23 位（最低的尾数位）开始，每一位的值分别是 1/2、1/4、1/8……1/(2^{23})，因此，整个尾数的值范围是 [1.0, 2.0)。

浮点数值的计算公式为：Value＝Sign×($2^{Exponent}$)×Mantissa

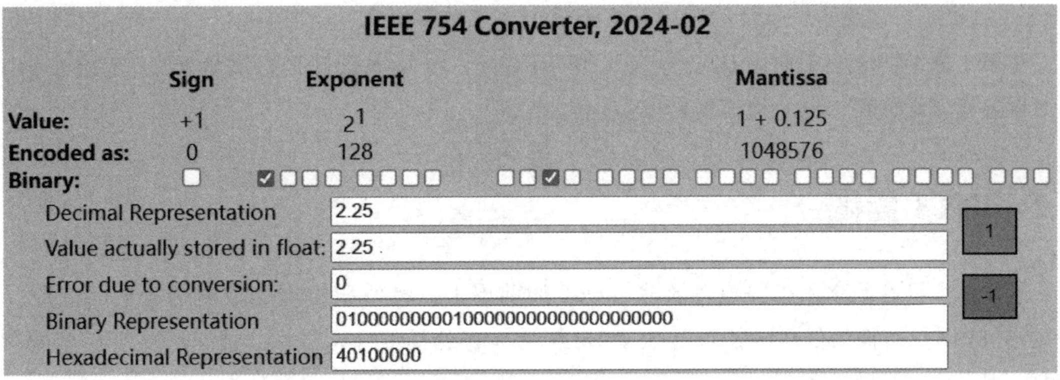

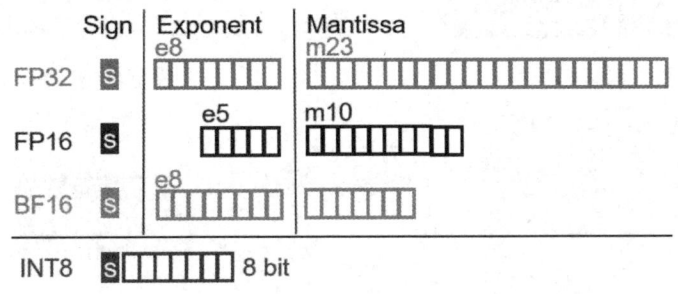

图 3-1　IEEE 754 中的浮点数定义

3.1.2　不同数据类型的存储需求和计算效率

不同数据类型由于位宽不一样，数值精度、存储需求和计算效率也不一样，如图 3-2 所示，FP32 精度高，适合训练任务；INT8 和 INT4 计算效率高，适合推理任务；FP16 和 BF16 适合在支持该数据类型运算的硬件上做训练和推理。

图 3-2　不同数据类型对应不同位宽和数值精度

- **FP32**（Single Precision Floating Point）：使用 32 位（4 字节）存储，数值精度高，**通常用于模型训练**，可以保留较多的有效数字，减少模型训练过程中的精度损失；但对内存和计算资源的需求较大。

- **FP16**（Half Precision Floating Point）：使用 16 位（2 字节），相比 FP32，所需存储空间和带宽减半，加速了训练和推理过程，特别适合在支持 FP16 运算的 GPU 或 AI 加速卡上使用。但精度降低，可能在某些高精度要求的训练任务中导致性能下降。
- **BF16**（Brain Floating Point）：使用 16 位（2 字节），面向深度学习优化设计，精度介于 FP32 和 FP16 之间，能在保持较高精度的同时，降低计算和存储开销。适合在支持 BF16 运算的硬件（例如，英特尔®第三代以及之后的至强®可扩展处理器）上使用。
- **INT8 或 INT4**（8/4bit Integer Quantization）：使用 8 位（1 字节）/4 位（半字节），计算效率高，存储开销小，特别适合量化后的推理任务；但量化过程可能引入误差，影响模型的精度，需要精心设计的量化策略来最小化这种影响。

在第 1 章中，介绍了使用 OpenVINO™ Model Converter 工具把模型精度从 FP32 转换为 FP16，本章将继续介绍使用 NNCF 将模型精度量化为 INT8。

3.2 INT8 量化

量化是一种在几乎不损失模型预测准确度的前提下，将模型权重的数值精度从浮点数（如 FP32 或 FP16）转换为低比特整数（如 INT8 或 INT4）的模型优化技术，能显著减少模型的存储需求，提高推理计算速度。

INT8 量化是指浮点数 x_f 通过放缩因子 scale，将范围 [-amax, amax] 的浮点数映射到范围为 [-128, 127] 的 8bit 表示的带符号整数 x_q，如图 3-3 所示。

INT8 量化公式：

$$x_q = \text{Clip}(\text{Round}(x_f / \text{scale}))$$
$$\text{amax} = \max(\text{abs}(x_f))$$
$$\text{scale} = (2 \times \text{amax}) / 256$$

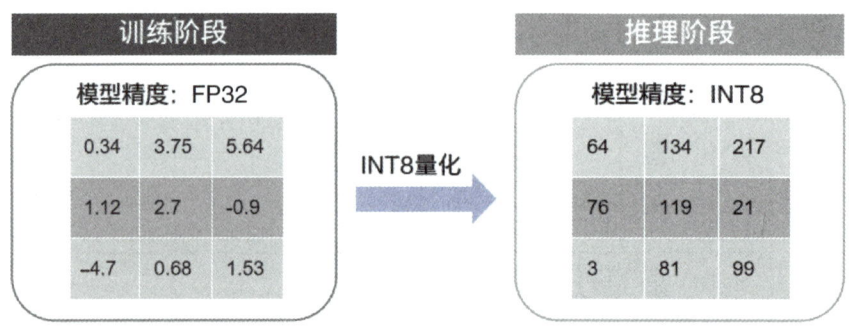

图 3-3 模型权重从浮点数 x_f 通过 INT8 量化方式转换为整数 x_q

INT8 量化技术，由于其简单易用、对模型预测准确率影响小、性能提升显著、被主流计算硬件（见图 3-4）广泛支持，因此在 AI 产品或应用中被广泛使用。

```python
import openvino as ov

core = ov.Core()
devices = core.available_devices
for device in devices:
    full_name = core.get_property(device, "FULL_DEVICE_NAME")
    opt_cap = core.get_property(device, "OPTIMIZATION_CAPABILITIES")
    print(f"{full_name:<40}{opt_cap}")
```

```
Intel(R) Core(TM) Ultra 5 125H          ['FP32', 'FP16', 'INT8', 'BIN', 'EXPORT_IMPORT']
Intel(R) Arc(TM) Graphics (iGPU)        ['FP32', 'BIN', 'FP16', 'INT8', 'EXPORT_IMPORT']
Intel(R) AI Boost                       ['FP16', 'INT8', 'EXPORT_IMPORT']
```

图 3-4　现代主流硬件平台普遍支持 INT8 运算

3.3　NNCF

NNCF（Neural Network Compression Framework，神经网络压缩框架），是一个用于压缩和量化神经网络模型的开源工具集，支持对 PyTorch、TensorFlow、ONNX 和 OpenVINO™ 格式模型使用训练后压缩（Post-Training Compression）或训练时压缩（Training-Time Compression）算法来减小模型大小，提高模型推理计算性能，如图 3-5 所示。

GitHub 代码仓：https://github.com/openvinotoolkit/nncf。

Post-Training Compression Algorithms

Compression algorithm	OpenVINO	PyTorch	TensorFlow	ONNX
Post-Training Quantization	Supported	Supported	Supported	Supported
Weights Compression	Supported	Supported	Not supported	Not supported

Training-Time Compression Algorithms

Compression algorithm	PyTorch	TensorFlow
Quantization Aware Training	Supported	Supported
Mixed-Precision Quantization	Supported	Not supported
Sparsity	Supported	Supported
Filter pruning	Supported	Supported
Movement pruning	Experimental	Not supported

图 3-5　NNCF 支持的压缩算法

模型压缩可以由一整本书来详细介绍，为了聚焦 OpenVINO™ 应用，本书暂不介绍需要启动模型训练的模型压缩算法，而是聚焦简单易用，无须启动模型训练，对模型准确率影响小，在工程上使用广泛的训练后量化方法。

训练后量化（Post-Training Quantization，PTQ）是一种不需要模型重新训练或微调，也无须原始的训练数据集，只需要少量的图片作为校准数据集（不需要带标注信息），就能将浮点数精度（FP32 或 FP16）的模型权重转换为低比特整数精度（INT8 或 INT4）的算法，特别适合那些已经训练完成并且希望快速实现推理加速的应用场景。

训练后量化的典型步骤有两步，如图 3-6 所示。

1）使用 OVC 将训练好的模型转换为 FP32 IR 模型。

2）使用 NNCF API 实现训练后量化。

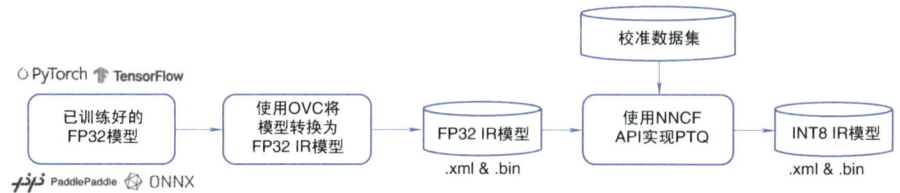

图 3-6　训练后量化的典型步骤

NNCF API 为训练后 INT8 量化提供了两种实现方式，分别满足不同场景下的需求。

- **基础量化**（Basic Quantization）：这是最简单的量化流程，旨在快速实现模型的 8 位整数量化，适用于那些对推理速度和模型体积有明确需求，并且对精度下降容忍度较高的场景。此选项聚焦通过量化来减少模型大小和提升推理速度，而不涉及量化后的精度控制。在进行基础量化时，仅需要提供一个无须标注信息的校准数据集（calibration dataset）来帮助量化过程理解模型权重和激活值的大致分布范围，从而设置合适的量化参数。
- **带精度控制的量化**（Quantization with Accuracy Control）：这是带有精度控制的量化流程，不仅实现 8 位量化，同时还允许用户控制量化过程中的精度损失。相较于基础量化，该流程需要额外的标注数据来监控和调整量化结果的准确性。具体来说，除了校准数据集以外，还需要一个带标注信息的验证数据集（validation dataset）和一个验证函数（validation function）来计算精度指标（如准确率、mAP 等）。

接下来将以 YOLOv8 目标检测模型的训练后量化为例，详细介绍基础量化和带精度控制的量化的实现全流程。

3.4　搭建 NNCF 开发环境

首先，下载并安装最新版的英特尔®NPU 和显卡驱动。

- NPU 驱动（若你的系统中没有 NPU，则忽略此步）：https://www.intel.cn/content/www/cn/zh/download/794734/intel-npu-driver-windows.html。
- 显卡驱动（若你的系统中没有英特尔®显卡，则忽略此步）：https://www.intel.cn/content/www/cn/zh/download/785597/intel-arc-iris-xe-graphics-windows.html。

然后，下载并安装 Anaconda（下载链接：https://www.anaconda.com/download），创建并激活名为 ptq 的虚拟环境：

```
conda create -n ptq python=3.11        # 创建虚拟环境
conda activate ptq                     # 激活虚拟环境
python -m pip install --upgrade pip    # 升级 pip 到最新版本
```

接着，安装 OpenVINO、NNCF、ONNX 和 Ultralytics：

```
pip install openvino nncf onnx ultralytics
```

最后，将 YOLOv8s 模型转换为 FP32 精度的 IR 模型待用，如图 3-7 所示。

```
yolo export model=yolov8s.pt format=onnx           # 导出 FP32 精度的 yolov8s.onnx 模型
ovc yolov8s.onnx --compress_to_fp16=False          # 将 FP32 精度的 yolov8s.onnx 转换为 FP32 的 IR 格式模型
```

```
(ptq) D:\chapter_3>yolo export model=yolov8s.pt format=onnx
Ultralytics YOLOv8.2.6 🚀 Python-3.11.9 torch-2.3.0+cpu CPU (12th Gen Intel Core(T
M) i7-12700H)
YOLOv8s summary (fused): 168 layers, 11156544 parameters, 0 gradients, 28.6 GFLOPs

PyTorch: starting from 'yolov8s.pt' with input shape (1, 3, 640, 640) BCHW and out
put shape(s) (1, 84, 8400) (21.5 MB)

ONNX: starting export with onnx 1.16.0 opset 17...
ONNX: export success ✅ 1.0s, saved as 'yolov8s.onnx' (42.8 MB)

Export complete (3.3s)
Results saved to D:\chapter_3
Predict:         yolo predict task=detect model=yolov8s.onnx imgsz=640
Validate:        yolo val task=detect model=yolov8s.onnx imgsz=640 data=coco.yaml
Visualize:       https://netron.app
💡 Learn more at https://docs.ultralytics.com/modes/export

(ptq) D:\chapter_3>ovc yolov8s.onnx --compress_to_fp16=False
[ SUCCESS ] XML file: D:\chapter_3\yolov8s.xml
[ SUCCESS ] BIN file: D:\chapter_3\yolov8s.bin
```

图 3-7 准备 YOLOv8s FP32 精度 IR 模型

3.5 基础量化

基础量化无须启动模型训练，也无须带标注的数据集，是最便捷的量化 AI 模型的方式，但在使用时需要知道，该方式可能无法保证量化后模型的高精度。

使用 NNCF 实现基础量化的工作流程主要有以下 4 步。

1）**编写转换函数 transform_fn( )**：转换函数用于接收数据集中的一个样本，并返回可以直接用于模型推理的数据形式。

2）**准备校准数据集**：这个数据集不需要很大，通常 300 个样本左右即可，其作用在于帮助量化工具估计模型激活值的分布，进而确定量化参数。

3）**执行 INT8 量化**：调用 nncf.quantize( ) 函数执行 INT8 量化流程。

4）**保存 INT8 量化好的模型**：调用 ov.save_model( ) 函数保存量化好的模型。

3.5.1 准备 COCO 验证数据集

YOLOv8 在 COCO（Common Objects in Context）数据集上进行训练和验证，本节直接利用 COCO 数据集的验证数据集作为基础量化的校准数据集，用 Ultralytics 工具包自带的 YOLOv8 模型的验证函数来评估 INT8 量化模型在验证数据集上的精度并与未量化的模型做对比。

COCO 数据集的简介请参考：https://docs.ultralytics.com/datasets/detect/coco/。其主要由以下 3 个数据子集构成。

- **Train2017**：训练（Train）子集包含了 11.8 万张图像，专门用于训练。
- **Val2017**：验证（Validation）子集包含 5 千张图像，用于调整模型参数并评估模型在未见过数据上的泛化能力。
- **Test2017**：测试（Test）子集包括了 2 万张图像，其目的是对经过训练和调整后的模型进行最终性能评估与基准测试。与 Train2017 和 Val2017 不同，Test2017 的标注信息并不公开，研究者需要将模型预测结果提交至 COCO 官方评估服务器，由服务器反馈模型的性能指标。

第一步：下载 Val2017 数据集和对应的标注信息。

- Val2017 数据集：http://images.cocodataset.org/zips/val2017.zip。
- 标注信息：https://github.com/ultralytics/yolov5/releases/download/v1.0/coco2017labels.zip。

第二步：执行下面的语句，获得 Ultralytics 默认的数据集路径，如图 3-8 所示。

```python
from ultralytics.data.utils import DATASETS_DIR
print(DATASETS_DIR)
```

```
(ptq) D:\chapter_3>python
Python 3.11.9 | packaged by Anaconda, Inc. | (main, Apr 19 2024, 16:40:41) [MSC v.1916 64 bit (AMD64)] on win32
Type "help", "copyright", "credits" or "license" for more information.
>>> from ultralytics.data.utils import DATASETS_DIR
>>> print(DATASETS_DIR)
D:\datasets   数据集默认路径
>>> exit()
```

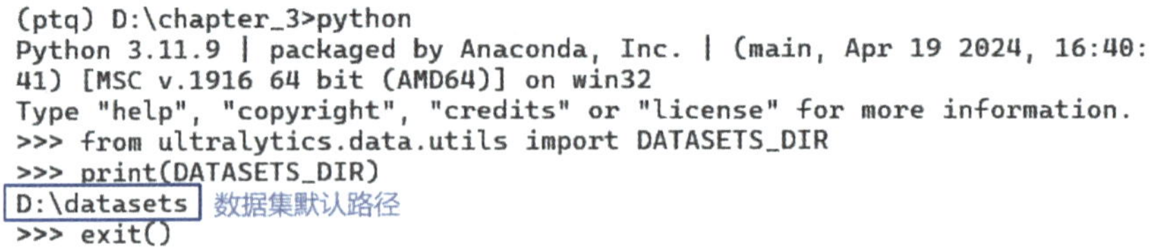

图 3-8　数据集默认路径

第三步：按照 ultralytics/cfg/datasets/coco.yaml 文件指明的文件夹结构，如图 3-9 所示，解压缩 Val2017 数据集和标注信息，并将 coco.yaml 下载并保存到 DATASETS_DIR（D:\datasets）。

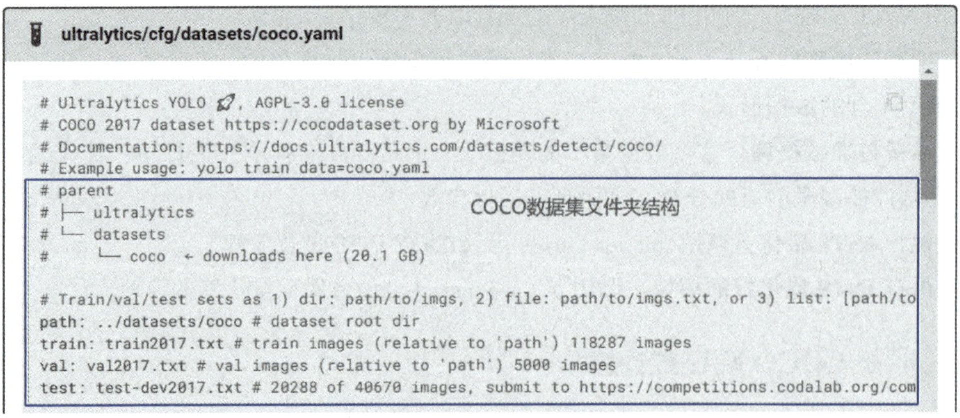

```
ultralytics/cfg/datasets/coco.yaml

# Ultralytics YOLO 🚀, AGPL-3.0 license
# COCO 2017 dataset https://cocodataset.org by Microsoft
# Documentation: https://docs.ultralytics.com/datasets/detect/coco/
# Example usage: yolo train data=coco.yaml
# parent
# ├── ultralytics
# └── datasets              COCO数据集文件夹结构
#     └── coco  ← downloads here (20.1 GB)

# Train/val/test sets as 1) dir: path/to/imgs, 2) file: path/to/imgs.txt, or 3) list: [path/to
path: ../datasets/coco # dataset root dir
train: train2017.txt # train images (relative to 'path') 118287 images
val: val2017.txt # val images (relative to 'path') 5000 images
test: test-dev2017.txt # 20288 of 40670 images, submit to https://competitions.codalab.org/com
```

图 3-9　COCO 数据集文件夹结构

coco.yaml 下载链接：https://github.com/ultralytics/ultralytics/blob/main/ultralytics/cfg/datasets/coco.yaml。

第四步：运行 Ultralytics 自带的验证命令，若成功运行，如图 3-10 所示，则说明 COCO 验证数据准备完毕，并获得 yolov8s.pt 在 COCO 验证数据集上的平均精度（IoU = 0.50：0.95 ｜ area = all ｜ maxDets = 100）为 0.45。

```
yolo val model=yolov8s.pt data=coco.yaml
```

```
(ptq) D:\chapter_3>yolo val model=yolov8s.pt data=coco.yaml
Ultralytics YOLOv8.2.6 🚀 Python-3.11.9 torch-2.3.0+cpu CPU (12th Gen Intel Core(T
YOLOv8s summary (fused): 168 layers, 11156544 parameters, 0 gradients, 28.6 GFLOPs
val: Scanning D:\datasets\coco\labels\val2017.cache... 4952 images, 48
DONE (t=6.41s):
Average Precision  (AP) @[ IoU=0.50:0.95 | area=   all | maxDets=100 ] = 0.450
Average Precision  (AP) @[ IoU=0.50      | area=   all | maxDets=100 ] = 0.618
Average Precision  (AP) @[ IoU=0.75      | area=   all | maxDets=100 ] = 0.487
Average Precision  (AP) @[ IoU=0.50:0.95 | area= small | maxDets=100 ] = 0.260
Average Precision  (AP) @[ IoU=0.50:0.95 | area=medium | maxDets=100 ] = 0.499
Average Precision  (AP) @[ IoU=0.50:0.95 | area= large | maxDets=100 ] = 0.611
Average Recall     (AR) @[ IoU=0.50:0.95 | area=   all | maxDets=  1 ] = 0.356
Average Recall     (AR) @[ IoU=0.50:0.95 | area=   all | maxDets= 10 ] = 0.591
Average Recall     (AR) @[ IoU=0.50:0.95 | area=   all | maxDets=100 ] = 0.645
Average Recall     (AR) @[ IoU=0.50:0.95 | area= small | maxDets=100 ] = 0.439
Average Recall     (AR) @[ IoU=0.50:0.95 | area=medium | maxDets=100 ] = 0.709
Average Recall     (AR) @[ IoU=0.50:0.95 | area= large | maxDets=100 ] = 0.800
Results saved to runs\detect\val
💡 Learn more at https://docs.ultralytics.com/modes/val
```

图 3-10　COCO 验证数据集准备成功

3.5.2　编写转换函数 transform_fn( )

转换函数扮演了一个关键角色，其功能是从数据集中抽取一个样本，并将其转换为适合模型进行推理的形式。举个例子，如果一个样本是由数据张量和标签张量组成的一个元组，转换函数可以简单地只提取并返回数据张量，同时忽略标签张量。这样的设计是为了简化量化流程，避免为了适应量化 API 的要求而对数据载入代码做大量修改。

转换函数的代码模板，如代码清单 3-1 所示。

代码清单 3-1　转换函数代码模板

```
def transform_fn(sample:Tuple):
    # 假设 sample 是一个包含数据张量和标签张量的元组 (data_tensor、label_tensor)
    # 这里只保留数据张量部分以供模型推理使用
    data_tensor, _ = sample
    return data_tensor
```

3.5.3　准备校准数据集

通过调用 nncf.Dataset( ) 来创建一个校准数据集的实例。这个 nncf.Dataset 类实质上充当了一个中介层或包装器，它封装了数据集对象和转换函数。

准备校准数据集的代码模板，如代码清单 3-2 所示。

代码清单 3-2　准备校准数据集代码模板

```
from nncf import Dataset
# 假定 load_my_dataset() 是加载数据集的方法
raw_dataset = load_my_dataset()

def transform_fn(sample:Tuple):
    # 假设 sample 是一个包含数据张量和标签张量的元组 (data_tensor、label_tensor)
    # 这里只保留数据张量部分以供模型推理使用
    data_tensor, _ = sample
    return data_tensor

# 使用原始数据集和自定义的转换函数创建 nncf.Dataset 实例
calibration_dataset = Dataset(raw_dataset, transform_func=transform_fn)
```

3.5.4　调用 nncf.quantize( ) 函数执行 INT8 量化

当校准数据集准备就绪且模型对象已被实例化后，接下来的步骤是调用 nncf.quantize( ) 函数对模型执行 INT8 量化。这意味着将模型中的某些或全部权重以及激活值从浮点数形式转换为 8 位整数形式，从而在保证模型精度损失最小化的同时，显著减少模型的内存占用并加速推理计算。

nncf.quantize( ) 函数提供了几个可选参数，允许用户调整量化过程以获得更精确的模型。以下是这些参数及其描述。

- model_type：用于指定特定类型模型所需的量化方案。目前唯一支持的特殊量化方案是针对 Transformer 模型（如 BERT、DistilBERT 等）的量化，旨在量化后保持模型精度。如果模型不需要特殊方案，则默认为 None。
- preset：定义模型的量化方案。有两种预设可用：PERFORMANCE（默认），对权重和激活值都执行对称量化；MIXED，对权重执行对称量化，对激活值执行非对称量化。推荐对使用非 ReLU 或非对称激活函数（如 ELU、PReLU、GELU 等）的模型使用 MIXED 设置。
- fast_bias_correction：当设置为 False 时，启用更精确的偏置（误差）校正算法，可用于提高模型精度。此参数仅对 OpenVINO™ IR 格式或 ONNX 格式模型可用。默认值为 True，以最小化量化时间。
- subset_size：定义用于估计激活量化参数的校准数据集中的样本数量。默认值是 300。
- ignored_scope：此参数用于指定不参与量化过程的神经网络层，以保护模型精度。可以通过层名称、正则表达式等方式指定。

调用 nncf.quantize( ) 函数执行 INT8 量化的代码模板，如代码清单 3-3 所示。

代码清单 3-3　执行 INT8 量化的代码模板

```
import openvino as ov
model = ov.Core().read_model("model_path")
```

```python
# 执行 INT8 量化
quantized_model =nncf.quantize(model, calibration_dataset)
```

3.5.5 保存 INT8 量化好的模型

当执行完 INT8 量化过程后,可以调用 ov.save_model( )函数保存量化好的模型,如代码清单 3-4 所示。

代码清单 3-4 保存量化好的模型

```python
# 保存 INT8 量化好的模型
ov.save_model(quantized_model,"quantized_model.xml")
```

3.5.6 测试 INT8 模型性能

对 YOLOv8s OpenVINO™ IR 格式模型执行 INT8 量化的完整代码,如代码清单 3-5 所示。

代码清单 3-5 yolov8_basic_quantize.py

```python
# 导入所需库
import nncf
import openvino as ov
from ultralytics import YOLO
from ultralytics.data.utils import DATASETS_DIR
from ultralytics.utils import DEFAULT_CFG
from ultralytics.cfg import get_cfg
from ultralytics.data.converter import coco80_to_coco91_class
from ultralytics.data.utils import check_det_dataset
from multiprocessing import freeze_support

def main():

    # 初始化 YOLOv8 检测模型的对象
    yolov8_dir = r"D:\chapter_3\yolov8s.pt"
    det_model = YOLO(yolov8_dir, task="detect")
    args = get_cfg(cfg=DEFAULT_CFG)
    args.data = str(DATASETS_DIR/"coco.yaml")
    # 初始化验证器对象并进行相关配置
    det_validator = det_model.task_map[det_model.task]["validator"](args=args)
    det_validator.data = check_det_dataset(args.data)
    det_validator.stride = 32
    det_validator.is_coco = True                              # 使用 COCO 数据集格式
    det_validator.class_map = coco80_to_coco91_class()        # 类别映射从 COCO80 到 COCO91
    det_validator.names = det_model.model.names               # 获取类别名称列表
    det_validator.metrics.names = det_validator.names         # 设置评估指标的类别名称
    det_validator.nc = det_model.model.model[-1].nc           # 获取模型输出的类别数

    # 加载 FP32 格式的 YOLOv8 IR 模型
    ov_model_dir =r"D:\chapter_3\yolov8s.xml"
```

```python
core = ov.Core()
ov_model = core.read_model(ov_model_dir)

# Step 1: 编写转换函数
from typing import Dict
def transform_fn(data_item:Dict):
    """
    量化转换函数。从数据加载器中提取并预处理输入数据以进行量化。
    参数:
        data_item: 迭代过程中由数据加载器产生的数据项字典
    返回:
        input_tensor: 用于量化的输入数据
    """
    input_tensor = det_validator.preprocess(data_item)['img'].numpy()
    return input_tensor

# Step 2: 准备校准数据集
# 获得 COCO 验证数据集的数据加载器
det_data_loader = det_validator.get_dataloader(DATASETS_DIR / "coco", 1)
# 创建校准数据集对象
calibration_dataset = nncf.Dataset(det_data_loader, transform_fn)

# Step 3: 执行 INT8 量化
ignored_scope = nncf.IgnoredScope(types=["Multiply", "Subtract", "Sigmoid", "Swish"])

quantized_model = nncf.quantize(
    ov_model,
    calibration_dataset,
    preset=nncf.QuantizationPreset.MIXED,  # 使用混合量化预设
    ignored_scope=ignored_scope
)

# Step 4: 保存 INT8 量化好的模型
ov.save_model(quantized_model, "yolov8s_int8.xml")

if __name__ == '__main__':
    freeze_support()    # 支持在 Windows 下多进程运行
    main()
```

运行 yolov8_basic_quantize.py，得到 INT8 量化后的模型，如图 3-11 所示，可以看到经过 INT8 量化后的模型权重大小约为 FP32 精度模型的 25%。

使用 benchmark_app 分别获得 FP32 和 INT8 模型在 CPU 上的性能数据，如图 3-12 所示，可以看到 INT8 的 YOLOv8s 模型的推理计算性能无论是 Latency（延迟）还是 Throughput（吞吐量）都大大优于 FP32 的 YOLOv8s 模型。

```
benchmark_app -m yolov8s.xml -d CPU
benchmark_app -m yolov8s_int8.xml -d CPU
```

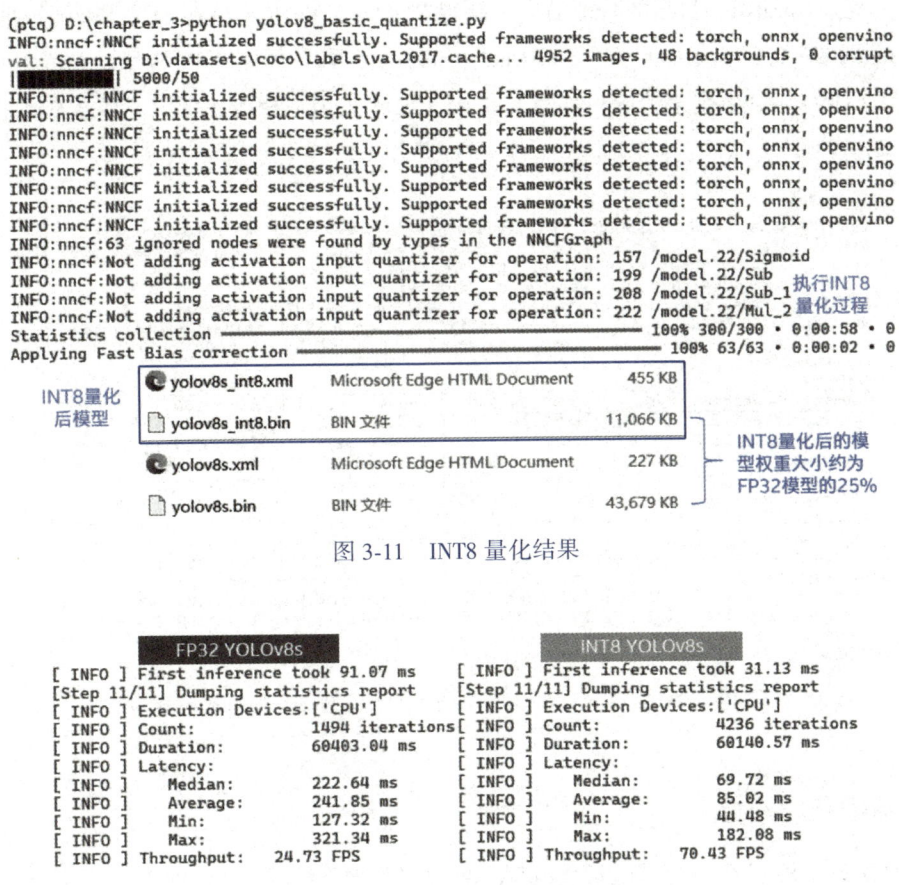

图 3-11 INT8 量化结果

图 3-12 FP32 模型与 INT8 模型对比

为了使用 Ultralytics 自带的评估函数评估 INT8 量化后的模型精度，首先，使用 Ultralytics 的 yolo 命令导出 YOLOv8s 的 OpenVINO™ IR 格式模型：

```
yolo export model=yolov8s.pt format=openvino
```

然后，删掉 yolov8s_openvino_model 文件夹中原有的 FP32 精度模型文件，把 yolov8s_int8.xml 和 yolov8s_int8.bin 文件复制到 yolov8s_openvino_model 文件夹中，并分别改名为 yolov8s.xml 和 yolov8s.bin，完成对原有文件的替换，如图 3-13 所示。

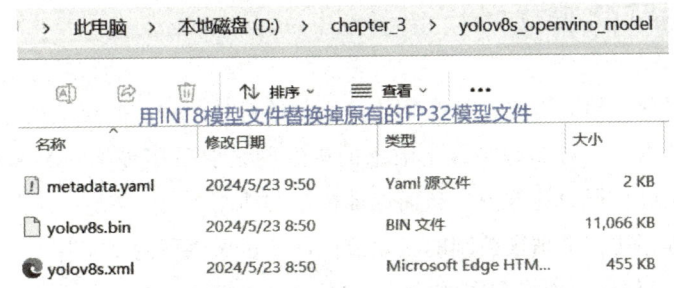

图 3-13 用 INT8 模型文件替换原有的 FP32 模型文件

最后，运行 Ultralytics 自带的验证命令，获得 YOLOv8s INT8 模型在 COCO 验证数据集上的平均精度(IoU=0.50:0.95 | area= all | maxDets=100)为 **0.43**，如图 3-14 所示。与 YOLOv8s FP32 精度模型在 COCO 验证数据集上的平均精度 0.45（见图 3-10）相比，仅仅下降了 0.02。

```
yolo detect val model=yolov8s_openvino_model data=coco.yaml
```

```
(ptq) D:\chapter_3>yolo detect val model=yolov8s_openvino_model data=coco.yaml
Ultralytics YOLOv8.2.6 🚀 Python-3.11.9 torch-2.3.0+cpu CPU (12th Gen Intel Core(TM)
Loading yolov8s_openvino_model for OpenVINO inference...
Using OpenVINO LATENCY mode for batch=1 inference...
Forcing batch=1 square inference (1,3,640,640) for non-PyTorch models
val: Scanning D:\datasets\coco\labels\val2017.cache... 4952 images, 48 backgrounds,
                 Class     Images  Instances      Box(P          R      mAP50  mAP50
Accumulating evaluation results...
DONE (t=6.14s).
 Average Precision  (AP) @[ IoU=0.50:0.95 | area=   all | maxDets=100 ] = 0.430
 Average Precision  (AP) @[ IoU=0.50      | area=   all | maxDets=100 ] = 0.610
 Average Precision  (AP) @[ IoU=0.75      | area=   all | maxDets=100 ] = 0.473
 Average Precision  (AP) @[ IoU=0.50:0.95 | area= small | maxDets=100 ] = 0.238
 Average Precision  (AP) @[ IoU=0.50:0.95 | area=medium | maxDets=100 ] = 0.476
 Average Precision  (AP) @[ IoU=0.50:0.95 | area= large | maxDets=100 ] = 0.594
 Average Recall     (AR) @[ IoU=0.50:0.95 | area=   all | maxDets=  1 ] = 0.345
 Average Recall     (AR) @[ IoU=0.50:0.95 | area=   all | maxDets= 10 ] = 0.571
 Average Recall     (AR) @[ IoU=0.50:0.95 | area=   all | maxDets=100 ] = 0.626
 Average Recall     (AR) @[ IoU=0.50:0.95 | area= small | maxDets=100 ] = 0.423
 Average Recall     (AR) @[ IoU=0.50:0.95 | area=medium | maxDets=100 ] = 0.685
 Average Recall     (AR) @[ IoU=0.50:0.95 | area= large | maxDets=100 ] = 0.784
Results saved to runs\detect\val6
💡 Learn more at https://docs.ultralytics.com/modes/val
```

图 3-14　YOLOv8s INT8 模型在 COCO 验证数据集上的平均精度

3.5.7　基础量化小结

通过对 YOLOv8s 模型执行基础量化流程，可以得到如下结论。

1）基础量化简单易用：无须启动模型训练，也无须带标注的数据集；仅需要编写一个转换函数，准备一个校准数据集，然后调用 nncf.quantize( )。

2）模型尺寸降低明显：INT8 模型的尺寸约为 FP32 模型的 25%，如图 3-11 所示。

3）模型推理计算性能提升明显，如图 3-12 所示。

4）模型精度损失微乎其微，如图 3-14 所示。

不可否认，工程实践中也会遇到使用基础量化流程对模型进行 INT8 量化后，模型的精度不能达到令人满意的水平的情况，这时可以使用带有精度控制流程的量化方法。

3.6　带精度控制的量化

带精度控制的量化，简而言之，就是用验证函数给量化流程实时反馈模型的精度，当精度没有达到用户指定的要求时，对那些对量化敏感的神经网络层采用更保守的量化策略或完全不量化，以保护模型的关键特征表达能力，从而保证模型的精度。

与基础量化流程相比，带精度控制的量化流程需要多做以下两个工作。

1）编写给量化流程反馈模型精度的验证函数 validate( )。

2）给验证函数准备带标准信息的验证数据集 validation_dataset。

然后调用 nncf.quantize_with_accuracy_control()（而不是 nncf.quantize()）来实现带精度控制的量化流程，下面将详细介绍。

3.6.1 准备 COCO128 验证数据集

将包含 5 千张图像的 COCO Val2017 数据集作为验证数据集用于带精度控制的量化流程不但会极大增加量化时间，还对提升量化精度没有额外的益处。

为了节省量化时间，可以将从 COCO 训练集（train2017）中选出的前 128 张图像构成的小型数据集 COCO128 作为带精度控制的量化流程的验证数据集。准备 COCO128 数据集的步骤如下。

第一步：下载 COCO128 数据集和 coco128.yaml 文件。
- COCO128 数据集：https://ultralytics.com/assets/coco128.zip。
- coco128.yaml 文件：https://github.com/ultralytics/ultralytics/blob/main/ultralytics/cfg/datasets/coco128.yaml。

第二步：执行下面的语句，获得 Ultralytics 默认的数据集路径，如图 3-15 所示。

```
from ultralytics.data.utils import DATASETS_DIR
print(DATASETS_DIR)
```

```
(ptq) D:\chapter_3>python
Python 3.11.9 | packaged by Anaconda, Inc. | (main, Apr 19 2024, 16:40:
41) [MSC v.1916 64 bit (AMD64)] on win32
Type "help", "copyright", "credits" or "license" for more information.
>>> from ultralytics.data.utils import DATASETS_DIR
>>> print(DATASETS_DIR)
D:\datasets   数据集默认路径
>>> exit()
```

图 3-15　DATASETS_DIR 默认路径

第三步：按照 coco128.yaml 文件指明的 COCO128 数据集文件夹结构，如图 3-16 所示，解压缩 coco128.zip 到 DATASETS_DIR（D:\datasets）中，然后把 coco128.yaml 文件复制到 DATASETS_DIR（D:\datasets）中，如图 3-17 所示。

```
# Ultralytics YOLO 🚀, AGPL-3.0 license
# COCO128 dataset https://www.kaggle.com/ultralytics/coco128 (first 128 images from COCO train2017)
# Documentation: https://docs.ultralytics.com/datasets/detect/coco/
# Example usage: yolo train data=coco128.yaml
# parent
# ├── ultralytics
# └── datasets
#     └── coco128  ← downloads here (7 MB)

# Train/val/test sets as 1) dir: path/to/imgs, 2) file: path/to/imgs.txt, or 3) list: [path/to/imgs
path: ../datasets/coco128 # dataset root dir
train: images/train2017 # train images (relative to 'path') 128 images
val: images/train2017 # val images (relative to 'path') 128 images
test: # test images (optional)
```

图 3-16　coco128.yaml 文件指明的 COCO128 数据集文件夹结构

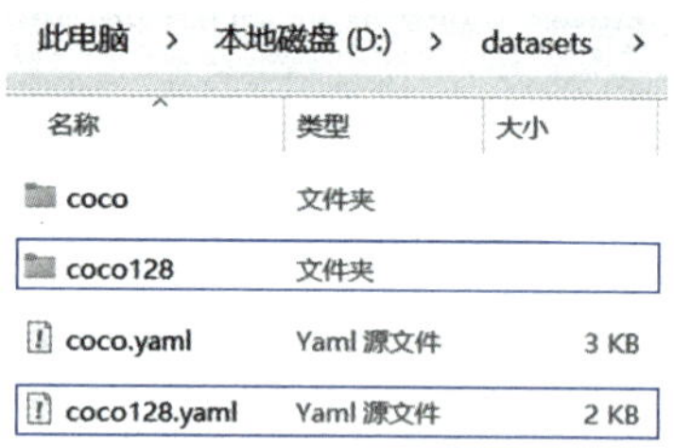

图 3-17　coco128 文件夹和 coco128.yaml 文件放置位置

第四步：运行 Ultralytics 自带的验证命令，若成功运行，如图 3-18 所示，则说明 COCO128 验证数据集准备完毕，并获得 yolov8s.pt 在 COCO 验证数据集上的平均精度（IoU = 0.50:0.95 | area = all | maxDets = 100）为 0.45。

```
yolo detect val model=yolov8s.pt data=coco128.yaml
```

```
(ptq) D:\chapter_3>yolo detect val model=yolov8s.pt data=coco128.yaml
Ultralytics YOLOv8.2.6 🚀 Python-3.11.9 torch-2.4.0+cpu CPU (12th Gen Intel Core(TM) i7-12700H)
YOLOv8s summary (fused): 168 layers, 11156544 parameters, 0 gradients, 28.6 GFLOPs
val: Scanning D:\datasets\coco128\labels\train2017.cache... 126 images, 0 backgrounds, 0 corrup
                 Class     Images  Instances      Box(P          R      mAP50  mAP50-95): 100%||
                   all        126        929       0.79      0.657      0.758      0.586
                person        126        254      0.917      0.681      0.827      0.623
               bicycle        126          6          1      0.322      0.452      0.267
                   car        126         46      0.889      0.217      0.393      0.228
            motorcycle        126          5      0.786      0.745      0.928      0.797
              airplane        126          6      0.863          1      0.995      0.814
                   bus        126          7      0.802      0.714      0.801      0.722
                 train        126          3      0.732          1      0.995      0.852
                 truck        126         12      0.715      0.417      0.547      0.324
                  boat        126          6      0.763      0.543      0.717      0.457
         traffic light        126         14      0.833      0.214      0.365      0.229
             stop sign        126          2      0.935          1      0.995      0.822
                   car        126         46      0.889      0.217      0.393      0.228
            motorcycle        126          5      0.786      0.745      0.928      0.797
              airplane        126          6      0.863          1      0.995      0.814
                   bus        126          7      0.802      0.714      0.801      0.722
                 train        126          3      0.732          1      0.995      0.852
                 truck        126         12      0.715      0.417      0.547      0.324
```

图 3-18　yolov8s.pt 在 COCO128 数据集上的精度

3.6.2　编写转换函数 transform_fn()

转换函数扮演了一个关键角色，其功能是从数据集中抽取一个样本，并将其转换为适合模型进行推理的形式返回。由于 Ultralytics Dataset 对象返回“label”字典，图像数据由关键字“img”来索引，因此基于 Ultralytics Dataset 对象的转换函数实现，如代码清单 3-6 所示。

代码清单 3-6　基于 Ultralytics Dataset 对象的转换函数实现代码

```
# Step 1: 编写转换函数
from typing import Dict
def transform_fn(data_item:Dict):
    """
    量化转换函数。从数据加载器中提取并预处理输入数据以进行量化。
```

```
    参数：
        data_item：迭代过程中由 Ultralytics Dataset 对象返回"label"字典
    图像数据由关键字"img"来索引，参考：
    ultralytics/data/base.py#L249
    返回：
        input_tensor：用于量化的输入数据
    """
    input_tensor = validator.preprocess(data_item)['img'].numpy()
    return input_tensor
```

3.6.3 准备校准数据集和验证数据集

通过调用 nncf.Dataset( ) 来创建校准数据集和验证数据集的实例。这个 nncf.Dataset 类实质上充当了一个中介层或包装器，它封装了数据集对象和转换函数，如代码清单 3-7 所示。

代码清单 3-7 准备校准数据集和验证数据集

```
# Step 2：准备校准数据集和验证数据集
# 获得 COCO 验证数据集的数据加载器
det_data_loader = validator.get_dataloader(DATASETS_DIR / "coco128", 1)
# 创建校准数据集和验证数据集
calibration_dataset = nncf.Dataset(det_data_loader, transform_fn)
validation_dataset = nncf.Dataset(det_data_loader, transform_fn)
```

3.6.4 准备验证函数

准备验证函数是指编写一个函数，这个函数接收两个参数，然后返回评估模型的指标，如精度。验证函数的实现范例，如代码清单 3-8 所示，其输入参数介绍如下。

- model：类型为 ov.CompileModel，由 nncf.quantize_with_accuracy_control( ) 函数负责将编译好的模型传递给验证函数。
- validation_loader：类型为 torch.utils.data.DataLoader，由 nncf.quantize_with_accuracy_control( ) 函数负责将验证数据集传递给验证函数。

返回值：类型为 float，是模型的预测精度。

代码清单 3-8 验证函数 validate( )

```
# Step 3：准备验证函数
def validate(model: ov.CompiledModel,
             validation_loader: torch.utils.data.DataLoader) -> float:
    """
    此函数用于验证已训练模型在验证数据集上的性能，即 mAP50-95（平均精度，当 IoU 阈值从 50%到 95%时）指标。

    参数：
    - model：经过 OpenVINO 编译优化的模型，用于执行推理计算。
    - validation_loader：使用 PyTorch 的数据加载器，它负责加载验证集的数据。

    返回：
```

- mAP50_95:验证集上的平均精度。

函数执行步骤:
1. 初始化验证器内部的一些计数器和数据结构,如已处理的样本数、预测记录、统计信息等。
2. 初始化混淆矩阵,用于分类任务的性能评估。
3. 遍历验证数据加载器中的每一个数据批次:
    a. 对批次数据进行预处理,准备输入模型所需的格式。
    b. 使用 OpenVINO 模型进行推理计算,得到预测结果。
    c. 将预测结果转换为 PyTorch 张量,并进行后处理,以便进一步分析。
    d. 更新验证指标,如 TP 等。
4. 计算并收集所有批次的统计数据。
5. 计算并输出 mAP50-95 指标。
6. 返回 mAP50-95 指标以作为函数的结果。
"""

```
validator.seen = 0                          # 初始化已处理样本计数
validator.jdict = []                        # 初始化预测记录列表
validator.stats = dict(tp=[], conf=[], pred_cls=[], target_cls=[])   # 初始化统计字典
validator.batch_i = 1                       # 初始化批次计数
# 初始化混淆矩阵,nc 为类别数
validator.confusion_matrix = ConfusionMatrix(nc=validator.nc)

counter = 0                                 # 记录数据批次计数
for batch in validation_loader:             # 遍历验证数据批次
    batch = validator.preprocess(batch)     # 数据预处理
    results = model(batch["img"].numpy())   # 使用模型进行推理,获取 NumPy 数组形式的预测结果
    preds = torch.from_numpy(results[model.output(0)])  # 将预测结果转换为 PyTorch 张量
    preds = validator.postprocess(preds)    # 后处理预测结果
    validator.update_metrics(preds, batch)  # 更新验证指标
    counter += 1                            # 增加批次计数

stats = validator.get_stats()               # 获取所有批次的汇总统计信息
mAP50_95 = stats["metrics/mAP50-95(B)"]     # 提取 mAP50-95 指标
print(f"Validate: dataset length = {counter}, metric value = {mAP50_95:.3f}")
return mAP50_95   # 返回 mAP50-95 指标
```

3.6.5　调用 nncf.quantize_with_accuracy_control( ) 函数执行 INT8 量化

当校准数据集和验证数据集准备就绪,且编写好验证函数后,接下来的步骤是调用 nncf.quantize_with_accuracy_control( ) 函数对模型执行带精度控制的 INT8 量化。

nncf.quantize_with_accuracy_control( ) 函数提供了几个可选参数,允许用户调整量化过程以获得更精确的模型。以下是 nncf.quantize_with_accuracy_control( ) 的函数原型和输入参数的描述。

```
def quantize_with_accuracy_control(
    model:TModel,
    calibration_dataset: Dataset,
    validation_dataset: Dataset,
```

```
    validation_fn: Callable[[Any,Iterable[Any]], float],
    max_drop: float = 0.01,
    drop_type:DropType = DropType.ABSOLUTE,
    preset: Optional[QuantizationPreset] = None,
    target_device:TargetDevice = TargetDevice.ANY,
    subset_size: int = 300,
    fast_bias_correction: bool = True,
    model_type: Optional[ModelType] = None,
    ignored_scope: Optional[IgnoredScope] = None,
    advanced_quantization_parameters(Optional[AdvancedQuantizationParameters]):=None,
    advanced_accuracy_restorer_parameters: Optional[AdvancedAccuracyRestorerParameters]
=None,
) ->TModel:
```

- model：需要被量化的模型对象。
- calibration_dataset（nncf.Dataset）：用于校准过程的代表性数据集，帮助量化过程确定合适的量化参数。
- validation_dataset（nncf.Dataset）：用于验证过程的数据集，评估量化前后模型的性能变化。
- validation_fn（Callable[[Any,Iterable[Any]], float]）：一个验证函数，用于评估量化后的模型性能。它接收两个参数：模型本身和验证数据集，并返回一个度量值。更高的度量值代表更好的模型性能。
- max_drop（float）：允许的最大精度下降值，量化后的模型性能相比原始模型允许下降的最大幅度。
- drop_type（nncf.parameters.DropType）：精度下降的类型，决定如何计算量化前后模型精度的差异，可以是绝对值或相对值。
- preset（nncf.QuantizationPreset）：量化预设，控制权重和激活的量化方式（对称或不对称）。默认为 None；对 Transformer 模型使用混合量化方式，对其他模型使用默认量化方式。
- target_device（nncf.TargetDevice）：目标部署设备类型，用于让量化过程面向指定硬件做特定优化，以获得最佳性能。
- subset_size（int）：用于计算激活统计信息的子集大小，默认值为 300。
- fast_bias_correction（bool）：控制偏置校正速度与内存消耗的平衡。设为 True，使用快速且可能内存占用少的方法；设为 False，则使用更准确但可能更耗内存的方法。
- model_type（nncf.ModelType）：模型类型，目前仅支持 Transformer，用于指定模型中的特殊模式处理。
- ignored_scope（nncf.IgnoredScope）：指定哪些神经网络层在量化过程中应被忽略，如不执行量化的层。
- advanced_quantization_parameters（Optional[nncf.quantization.advanced_parameters.AdvancedQuantizationParameters]）：用于细调量化算法的高级参数，提供更细致的控制。

- advanced_accuracy_restorer_parameters（Optional[AdvancedAccuracyRestorerParameters]）：用于细调精度恢复算法的高级参数，帮助优化量化后的模型精度。

调用 nncf.quantize_with_accuracy_control() 函数执行 INT8 量化的范例代码，如代码清单 3-9 所示。

代码清单 3-9　执行带精度控制的 INT8 量化

```
# Step4: 执行带精度控制的 INT8 量化
ignored_scope = nncf.IgnoredScope(types=["Multiply", "Subtract", "Sigmoid", "Swish"])

quantized_model_ac = nncf.quantize_with_accuracy_control(
    ov_model,
    calibration_dataset,
    validation_dataset,
    validation_fn=validate,
    max_drop=0.005,
    drop_type=nncf.DropType.ABSOLUTE,
    preset=nncf.QuantizationPreset.MIXED,
    ignored_scope=ignored_scope
)
```

3.6.6　保存 INT8 量化好的模型

当执行完带精度控制的 INT8 量化过程后，可以调用 ov.save_model() 函数保存量化好的模型，如代码清单 3-10 所示。

代码清单 3-10　保存量化好的模型

```
# 保存 INT8 量化好的模型
ov.save_model(quantized_model_ac,"yolov8s_int8_ac.xml")
```

3.6.7　测试 INT8 模型性能

带精度控制的 INT8 量化的完整代码 yolov8_quantize_with_accuracy_control.py，如代码清单 3-11 所示。

代码清单 3-11　**yolov8_quantize_with_accuracy_control.py**

```
# 导入所需库
import nncf, torch
import openvino as ov
from ultralytics import YOLO
from ultralytics.data.utils import DATASETS_DIR
from ultralytics.utils import DEFAULT_CFG
from ultralytics.cfg import get_cfg
from ultralytics.data.converter import coco80_to_coco91_class
from ultralytics.data.utils import check_det_dataset
from ultralytics.utils.metrics import ConfusionMatrix
from ultralytics.engine.validator import BaseValidator as Validator
```

```python
from ultralytics.utils import ops
from multiprocessing import freeze_support
from functools import partial

def main():

    # 初始化 YOLOv8 检测模型的对象
    yolov8_dir = r"D:\chapter_3\yolov8s.pt"
    model = YOLO(yolov8_dir, task="detect")
    args = get_cfg(cfg=DEFAULT_CFG)
    args.data = str(DATASETS_DIR/"coco128.yaml")

    # 初始化验证器对象并进行相关配置
    validator = model.task_map[model.task]["validator"](args=args)
    validator.data = check_det_dataset(args.data)
    dataset = validator.data["val"]
    print(f"{dataset}")

    validator.stride = 32
    validator.is_coco = True
    validator.class_map = coco80_to_coco91_class()
    validator.names = model.model.names
    validator.metrics.names = validator.names
    validator.nc = model.model.model[-1].nc
    validator.nm = 32

    # 加载 FP32 格式的 YOLOv8 IR 模型
    ov_model_dir = r"D:\chapter_3\yolov8s.xml"
    core = ov.Core()
    ov_model = core.read_model(ov_model_dir)

    # Step 1: 编写转换函数
    from typing import Dict
    def transform_fn(data_item:Dict):
        """
        量化转换函数。从数据加载器中提取并预处理输入数据以进行量化。
        参数：
            data_item: 迭代过程中由 Ultralytics Dataset 对象返回"label"字典
            图像数据由关键字"img"来索引，参考：
            ultralytics/data/base.py#L249
        返回：
            input_tensor: 用于量化的输入数据
        """
        input_tensor = validator.preprocess(data_item)['img'].numpy()
        return input_tensor

    # Step 2: 准备校准数据集和验证数据集
    # 获得 COCO 验证数据集的数据加载器
```

```python
det_data_loader = validator.get_dataloader(DATASETS_DIR / "coco128", 1)
# 创建校准数据集和验证数据集
calibration_dataset = nncf.Dataset(det_data_loader, transform_fn)
validation_dataset = nncf.Dataset(det_data_loader, transform_fn)

# Step 3：准备验证函数
def validate(model: ov.CompiledModel,
             validation_loader: torch.utils.data.DataLoader) -> float:
    """
    此函数用于验证已训练模型在验证数据集上的性能，即mAP50-95(平均精度，当IoU阈值从50%到95%
时)指标。


    参数：
    - model：经过OpenVINO编译优化的模型，用于执行推理计算。
    - validation_loader：使用PyTorch的数据加载器，它负责加载验证集的数据。


    返回：
    - mAP50_95：验证集上的平均精度。


    函数执行步骤：
    1. 初始化验证器内部的一些计数器和数据结构，如已处理的样本数、预测记录、统计信息等。
    2. 初始化混淆矩阵，用于分类任务的性能评估。
    3. 遍历验证数据加载器中的每一个数据批次：
        a. 对批次数据进行预处理，准备输入模型所需的格式。
        b. 使用OpenVINO模型进行推理计算，得到预测结果。
        c. 将预测结果转换为PyTorch张量，并进行后处理，以便进一步分析。
        d. 更新验证指标，如TP等。
    4. 计算并收集所有批次的统计数据。
    5. 计算并输出mAP50-95指标。
    6. 返回mAP50-95指标以作为函数的结果。
    """

    validator.seen = 0                              # 初始化已处理样本计数
    validator.jdict = []                            # 初始化预测记录列表
    # 初始化统计字典
    validator.stats = dict(tp=[], conf=[], pred_cls=[], target_cls=[])
    validator.batch_i = 1                           # 初始化批次计数
    validator.confusion_matrix = ConfusionMatrix(nc=validator.nc)

    counter = 0                                     # 记录数据批次计数
    for batch in validation_loader:                 # 遍历验证数据批次
        batch = validator.preprocess(batch)         # 数据预处理
        # 使用模型进行推理，获取NumPy数组形式的预测结果
        results = model(batch["img"].numpy())
        # 将预测结果转换为PyTorch张量
        preds = torch.from_numpy(results[model.output(0)])
        preds = validator.postprocess(preds)        # 后处理预测结果
        validator.update_metrics(preds, batch)      # 更新验证指标
```

```python
        counter += 1                                  # 增加批次计数

    stats = validator.get_stats()                     # 获取所有批次的汇总统计信息
    mAP50_95 = stats["metrics/mAP50-95(B)"]           # 提取 mAP50-95 指标
    print(f"Validate: dataset length = {counter}, metric value = {mAP50_95:.3f}")
    return mAP50_95                                   # 返回 mAP50-95 指标

# Step 4：执行带精度控制的 INT8 量化
ignored_scope = nncf.IgnoredScope(types=["Multiply", "Subtract", "Sigmoid", "Swish"])

quantized_model_ac = nncf.quantize_with_accuracy_control(
    ov_model,
    calibration_dataset,
    validation_dataset,
    validation_fn=validate,
    max_drop=0.005,
    drop_type=nncf.DropType.ABSOLUTE,
    preset=nncf.QuantizationPreset.MIXED,
    ignored_scope=ignored_scope
)

# Step 5：保存 INT8 量化好的模型
ov.save_model(quantized_model_ac,"yolov8s_int8_ac.xml")

if __name__ == '__main__':
    freeze_support()               # 支持在 Windows 下多进程运行
    main()
```

运行 yolov8_quantize_with_accuracy_control.py，可以得到带精度控制的 INT8 量化后的模型，如图 3-19 所示，可以看到其模型权重大小约为 FP32 模型的 27.6%，比不带精度控制的 INT8 量化模型权重略大。

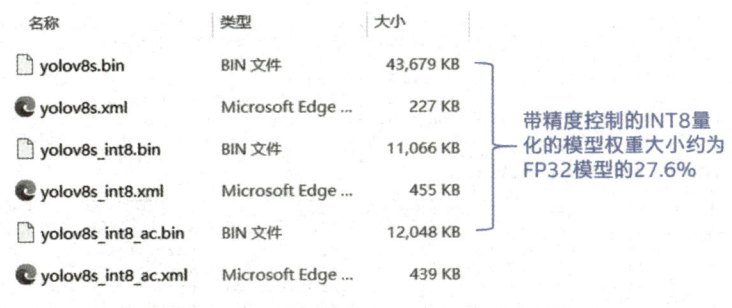

图 3-19　带精度控制的 INT8 量化结果

使用 benchmark_app 分别获得 FP32、INT8 模型和带精度控制的 INT8 模型在 CPU 上的性能数据，如图 3-20 所示，可以看到 INT8 和带精度控制的 INT8 YOLOv8s 模型的推理计算性能在 Latency（延迟）与 Throughput（吞吐量）方面都大大优于 FP32 的 YOLOv8s 模型。

```
benchmark_app -m yolov8s.xml -d CPU
benchmark_app -m yolov8s_int8.xml -d CPU
benchmark_app -m yolov8s_int8_ac.xml -d CPU
```

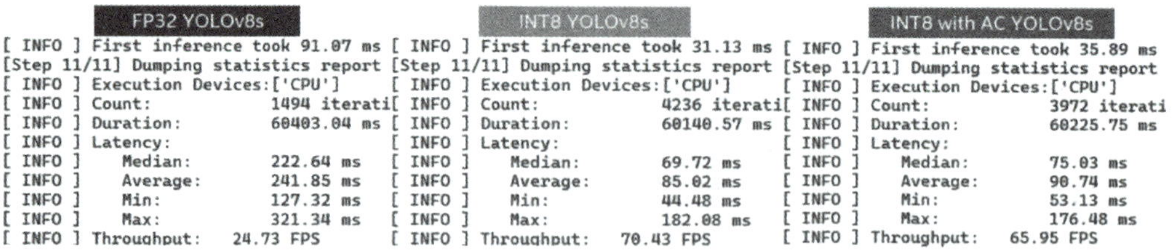

图 3-20　FP32 模型与 INT8 模型、带精度控制的 INT8 模型的对比

首先，使用 Ultralytics 导出 YOLOv8s 的 OpenVINO™ IR 模型：

```
yolo export model=yolov8s.pt format=openvino
```

然后，把 yolov8s_int8_ac.xml 和 yolov8s_int8_ac.bin 文件复制到 yolov8s_openvino_model 文件夹里，分别改名为 yolov8s.xml 和 yolov8s.bin，替换掉原有的 FP32 精度模型文件，如图 3-21 所示。

图 3-21　用带精度控制的 INT8 模型文件替换原有的 FP32 模型文件

最后，运行 Ultralytics 自带的验证命令，获得 YOLOv8s 带精度控制的 INT8 模型在 COCO 验证数据集上的平均精度（IoU = 0.50:0.95 | area = all | maxDets = 100）为 **0.444**，如图 3-22 所示。

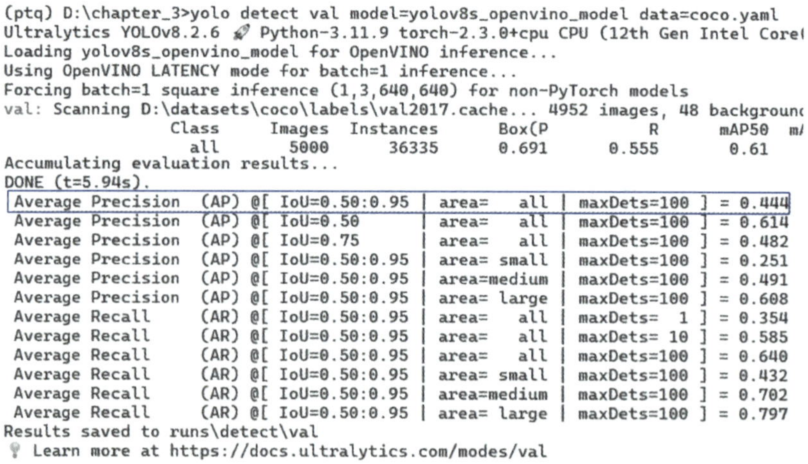

图 3-22　YOLOv8s 带精度控制的 INT8 模型在 COCO 验证数据集上的平均精度

与 YOLOv8s FP32 模型在 COCO 验证数据集上的平均精度 0.45（见图 3-10）相比，仅仅下降了 0.006，满足 nncf.quantize_with_accuracy_control( ) 函数精度下降的控制指标 max_drop，比基础量化获得的 INT8 模型精度（0.43）更高。

```
yolo detect val model=yolov8s_openvino_model data=coco.yaml
```

3.6.8 带精度控制的量化小结

与基础量化流程相比，带精度控制的量化流程，需要准备验证数据集和编写验证函数，以便给量化流程实时反馈模型的精度。当精度没有达到用户指定的要求时，会对那些对量化敏感的网络层采用更保守的量化策略或完全不量化，如图 3-23 所示，以保护模型的关键特征表达能力，从而保证模型的精度损失在指定的 max_drop 范围内。

```
INFO:nncf:Algorithm completed: achieved required accuracy drop 0.003914087
458195992 (absolute)
INFO:nncf:5 out of 74 were reverted back to the floating-point precision:
    /model.22/Add_2
    /model.4/m.0/cv2/conv/Conv/WithoutBiases
    /model.22/cv2.1/cv2.1.2/Conv/WithoutBiases
    /model.22/cv3.0/cv3.0.1/conv/Conv/WithoutBiases
    /model.22/cv3.1/cv3.1.1/conv/Conv/WithoutBiases
```
不量化影响模型精度的敏感网络层

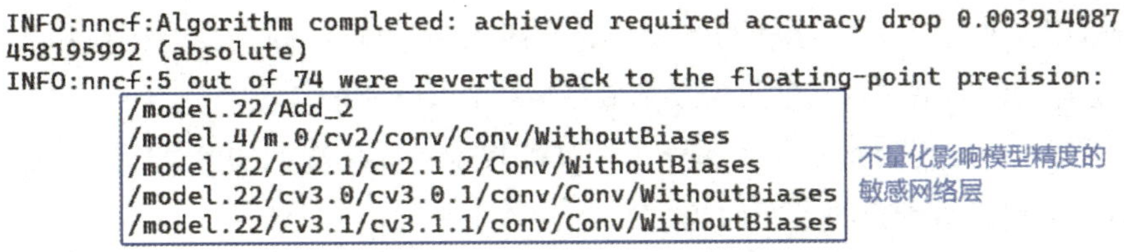

图 3-23　不量化影响模型精度的敏感网络层

3.7　本章小结

本章首先比较了深度学习中常见的数据类型在训练和推理方面的优劣，并发现 INT8 和 INT4 数据类型的计算效率高，存储开销小，特别适合在资源受限的计算硬件上实现推理计算。

然后，介绍了使用 NNCF 实现训练后的 INT8 量化：基础量化使用方便，但量化过程可能会导致精度损失超过项目要求；带精度控制的量化，虽然需要额外准备验证数据集并编写验证函数，但可以把量化导致的精度损失控制在指定的 max_drop 范围内，从而既能提升推理计算性能，又能满足精度要求。

第 4 章将介绍使用异步、多线程等方式进一步提高端到端的 AI 推理计算性能。

第 4 章
优化端到端的 AI 程序推理计算性能

在第 2 章中介绍了 AI 推理计算性能的典型指标,然后介绍了无须编写代码,仅靠配置 OpenVINO™ 运行时属性即可实现的 AI 模型推理计算性能优化;当 AI 模型集成到应用程序后,对于用户来说,更加关注的是从数据采集到拿到最终结果的端到端的性能。

本章将介绍如何使用预处理 API 和异步计算等技术,优化端到端的 AI 程序推理计算性能,让 AI 程序充分解锁计算硬件的潜在性能。

阅读本章前,请先复制本书的范例代码仓到本地:

```
git clone https://github.com/openvino-book/openvino_handbook.git
```

4.1 端到端的 AI 程序推理计算性能

一个典型未优化的端到端 AI 推理计算程序,如图 4-1 所示,包括如下内容。

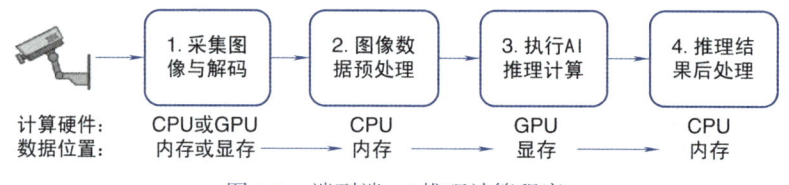

图 4-1 端到端 AI 推理计算程序

1)采集图像并在 CPU 或 GPU 上解码。在没有专用硬件加速或对硬件要求不高的场景下,图像数据通常会在 CPU 上解码。CPU 解码的优点是稳定性较好,几乎适用于所有设备,且较为节能。它不受特定显卡硬件限制,能保证一定的解码速度。对于需要高性能和高吞吐量的场景,特别是在处理大量视频流或高清视频时,通常使用 GPU 进行解码,这样能够显著加快解码速度,同时减轻 CPU 的计算负载,使得 CPU 可以处理更多的其他任务,提升整个系统的效率。

2)根据 AI 模型的输入要求,对图像数据做预处理。在 GPU 上实现图像放缩、色彩空间转换、数据标准化等预处理操作,需要图像处理库的支持。在大多数场景下,图像预处理都是基于 OpenCV 库在 CPU 上实现的。

3）将预处理后的数据送入模型，执行推理计算。如前所述，用 GPU 等 AI 加速设备实现推理计算，效率更高。

4）对推理结果做后处理，拿到最终结果。同图像预处理，在大多数场景下，图像后处理也是在 CPU 上实现的。

从图 4-1 中可以看出，理想的方式是 OpenVINO™ 的 API 支持图像解码、前处理、推理计算和后处理，然后把全部计算放在 GPU 上，这样可以不用在内存和显存之间来回复制数据，以最高效的方式完成整个端到端的计算。

OpenVINO™ 当前支持通过预处理 API（Preprocessing API）将预处理集成到模型中，这样可以单一计算设备，例如，在 GPU 中，实现预处理和 AI 推理计算，节省数据在内存和显存之间的传输时间，提高整个程序计算效率。

接下来，将介绍如何使用预处理 API 将图像转换为模型期望的数据格式。

4.2　预处理 API

预处理 API 是 OpenVINO™ 提供的将预处理步骤集成到 AI 模型中的 API 函数，这样可以把数据预处理和 AI 推理同时放在指定的计算设备中运行，减少数据复制开销，提高计算设备的利用率。

在预处理 API 发布前，通常调用 OpenCV 库在 CPU 上执行数据预处理操作；在预处理 API 发布后，可以使用预处理 API 将预处理操作集成到 AI 模型的执行图中，如图 4-2 所示。

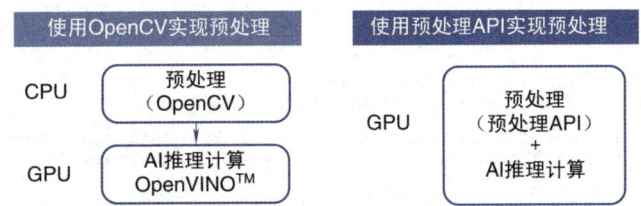

图 4-2　使用 OpenCV 实现预处理和使用预处理 API 实现预处理的对比

简单来说，预处理 API 主要描述以下三个部分，用于在模型实际执行前对用户提供的数据进行处理，以匹配模型的输入要求，如图 4-3 所示，描述完毕后，调用 ppp.build() 方法把预处理步骤嵌入原始 AI 模型中，形成新的执行图。

- 用户数据：ppp.input().tensor()，这部分用于声明用户输入数据的格式，包括形状（shape）、布局（layout）、数据类型（element type）、颜色格式（color format）等。
- 预处理步骤：ppp.input().preprocess()，描述了一系列需要应用于用户数据的预处理步骤。这些步骤可能包括数据的标准化、格式转换等，其目的是让数据满足模型的输入要求。
- 模型输入节点信息：ppp.input().model()，模型输入节点的精度和形状通常是已知的，预处理 API 仅需要用户指定输入节点的布局信息，以确保与预处理步骤协调一致。

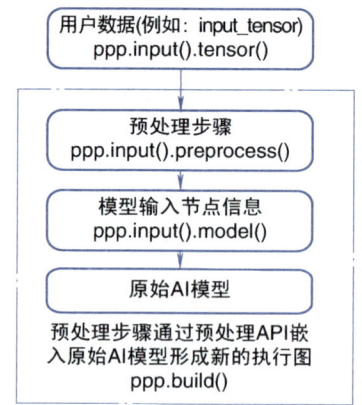

图 4-3　预处理 API 描述用户数据、预处理步骤和模型输入节点信息

接下来，将以 YOLOv8s 模型为例，详述如何使用预处理 API 将预处理步骤嵌入原始 YOLOv8s 模型中。

4.2.1　导出 YOLOv8s IR 模型

使用下面的命令导出 YOLOv8s IR 模型，模型精度为 FP16，如图 4-4 所示。

```
yolo detect export model=yolov8s.pt format=openvino half=True
```

```
(ov_book) D:\chapter_4>yolo detect export model=yolov8s.pt format=openvino half=True
Ultralytics YOLOv8.1.9 🚀 Python-3.11.5 torch-2.1.2+cpu CPU (12th Gen Intel Core(TM) i7-12700H)
YOLOv8s summary (fused): 168 layers, 11156544 parameters, 0 gradients, 28.6 GFLOPs

PyTorch: starting from 'yolov8s.pt' with input shape (1, 3, 640, 640) BCHW and output shape(s)
(1, 84, 8400) (21.5 MB)

ONNX: starting export with onnx 1.15.0 opset 17...
ONNX: export success ✅ 0.7s, saved as 'yolov8s.onnx' (42.8 MB)

OpenVINO: starting export with openvino 2024.1.0-15008-f4afc983258-releases/2024/1...
OpenVINO: export success ✅ 1.1s, saved as 'yolov8s_openvino_model\' (21.6 MB)

Export complete (3.7s)
Results saved to D:\chapter_4
Predict:        yolo predict task=detect model=yolov8s_openvino_model imgsz=640 half
Validate:       yolo val task=detect model=yolov8s_openvino_model imgsz=640 data=coco.yaml hal
f
Visualize:      https://netron.app
💡 Learn more at https://docs.ultralytics.com/modes/export
```

图 4-4　导出 YOLOv8s IR 模型

4.2.2　实例化 PrePostProcessor 对象

导出 YOLOv8s IR 模型后，需要将模型读取到内存，然后实例化 PrePostProcessor 对象，如代码清单 4-1 所示。

代码清单 4-1　实例化 PrePostProcessor 对象

```
from openvino import Core, Layout, Type, serialize
from openvino.preprocess import PrePostProcessor, ColorFormat
```

```
# 设置模型路径
model_path ="./yolov8s_openvino_model/yolov8s.xml"
# 读入模型
core = Core()
ov_model = core.read_model(model_path)
# Step 1：实例化 PrePostProcessor 对象
ppp = PrePostProcessor(ov_model)
```

4.2.3 声明用户输入数据信息

使用 OpenCV 读取的图像，其颜色通道顺序是 BGR，图像数据类型是 uint8，数据布局是 HWC。另外，由于预处理 API 暂时不支持增加张量维度，因此用户数据在送入预处理前，会使用 np.expand_dims( ) 将数据布局从 HWC 转换为 NHWC。

声明用户输入数据信息的方法在 openvino.preprocess.InputTensorInfo 类中定义。

- set_color_format：设置颜色通道顺序。
- set_element_type：设置数据类型。
- set_layout：设置数据布局。
- set_shape：设置张量形状。
- set_spatial_dynamic_shape：设置张量为动态形状。

声明用户输入数据信息的范例代码，如代码清单 4-2 所示。

代码清单 4-2　声明用户输入数据信息

```
# Step 2：声明用户输入数据信息
# 颜色通道顺序:BGR
# 数据类型:uint8
# 数据布局:NHWC
ppp.input().tensor() \
    .set_color_format(ColorFormat.BGR) \
    .set_element_type(Type.u8) \
    .set_layout(Layout('NHWC'))
```

4.2.4 声明原始模型输入节点的布局信息

原始模型输入节点的精度和形状通常是已知的，预处理 API 仅需要用户指定输入节点的布局（layout）信息，以便与预处理步骤协调一致。

声明原始模型输入节点的布局信息的方法在 openvino.preprocess.InputModelInfo 类中定义，其中 set_layout 用于设置数据布局。

声明原始模型输入节点的布局信息的范例代码，如代码清单 4-3 所示。

代码清单 4-3　声明原始模型输入节点的布局信息

```
# Step 3：声明原始模型输入节点的布局信息
ppp.input().model().set_layout(Layout('NCHW'))
```

4.2.5 定义预处理步骤

定义预处理步骤描述了一系列需要应用于用户数据的预处理步骤。这些步骤包括数据的标准化、格式转换等，其目的是让数据满足模型的输入要求。

定义预处理步骤的方法在 openvino.preprocess.PreProcessSteps 类中定义。

- convert_color：转换颜色通道顺序。
- convert_element_type：转换数据类型。
- reverse_channels：反转颜色通道，如把 RGB 顺序反转为 BGR 顺序。
- mean：均值。
- scale：放缩系数。
- resize：改变数据尺寸。

定义预处理步骤的范例代码，如代码清单 4-4 所示。

代码清单 4-4　定义预处理步骤

```
# Step 4：定义预处理步骤
# 数据精度：从 u8 转为 f16
# 颜色通道：从 BGR 转为 RGB
# 减去均值(mean),除以放缩系数(scale)
# 布局转换会在最后一步自动加上
ppp.input().preprocess() \
    .convert_element_type(Type.f16) \
    .convert_color(ColorFormat.RGB) \
    .mean([0.0, 0.0, 0.0]) \
    .scale([255.0, 255.0, 255.0])
```

4.2.6 将预处理步骤嵌入原始 AI 模型

当完成用户输入数据信息的声明、原始模型输入节点的布局信息的声明和预处理步骤的定义后，可以调用 build() 方法，将预处理步骤嵌入原始 AI 模型，如代码清单 4-5 所示。

代码清单 4-5　将预处理步骤嵌入原始 AI 模型

```
# Step 5：将预处理步骤嵌入原始 AI 模型
model_with_PPP =ppp.build()
```

4.2.7 保存嵌入预处理的 AI 模型

调用 serialize() 函数保存嵌入预处理的 AI 模型，如代码清单 4-6 所示。

代码清单 4-6　保存嵌入预处理的 AI 模型

```
# Step 6：保存嵌入预处理的 AI 模型
serialize(model_with_PPP,'yolov8s_with_ppp.xml','yolov8s_with_ppp.bin')
```

完整范例程序参见 export_yolov8_with_ppp.py，运行该程序，可以获得内嵌预处理的模型文件：yolov8s_with_ppp.xml 和 yolov8s_with_ppp.bin，用 https://netron.app/打开，可以看到预处理已内嵌到模型图里面，如图 4-5 所示。

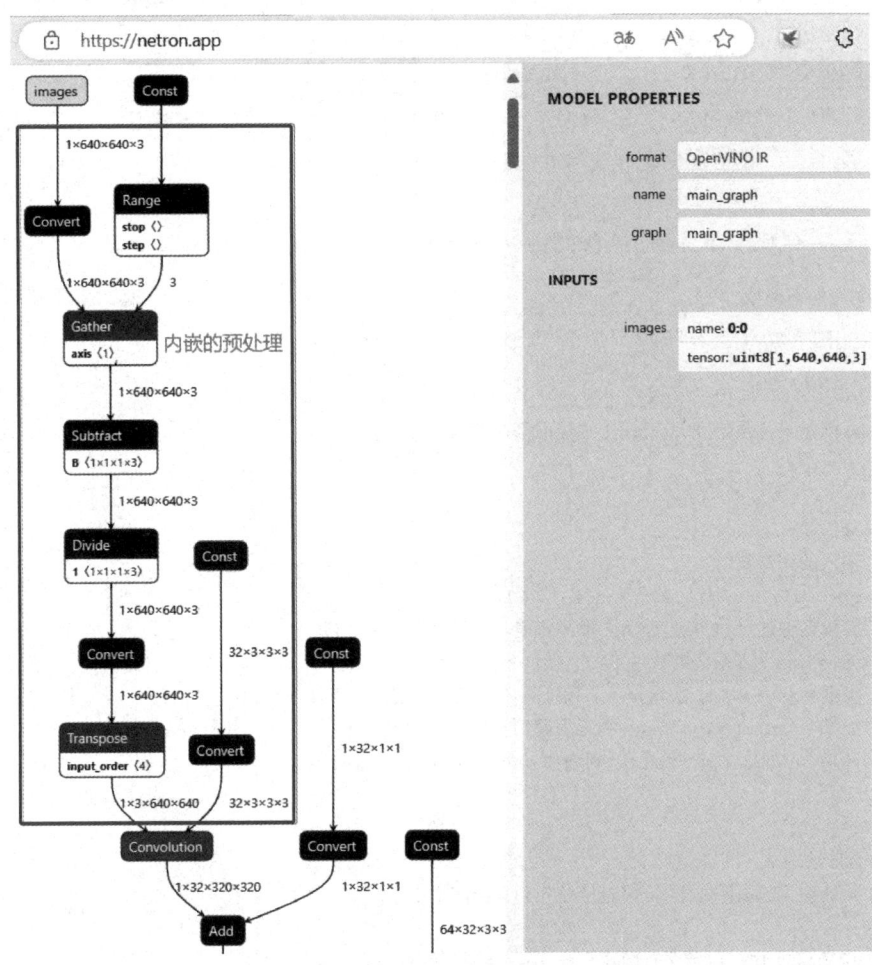

图 4-5　查看内嵌的预处理

4.2.8　内嵌预处理后的模型性能

首先用 benchmark_app 比较一下 yolov8s.xml 和 yolov8s_with_ppp.xml 的纯 AI 推理计算性能：

```
benchmark_app -m yolov8s_with_ppp.xml -d GPU
benchmark_app -m yolov8s.xml -d GPU
```

运行结果如图 4-6 所示，可以看到内嵌了预处理的模型，其纯 AI 推理计算性能略低于原始模型。

编写加入前后处理的 YOLOv8 同步推理程序，测试端到端的 AI 性能。关键的预处理函数、后处理函数和性能评估函数，如代码清单 4-7 所示，完整代码参见：yolov8_od_sync_with_ppp.py。

```
                        内嵌预处理的YOLOv8s              YOLOv8s原始模型
[ INFO ] First inference took 22.90 ms   [ INFO ] First inference took 18.99 ms
[Step 11/11] Dumping statistics report   [Step 11/11] Dumping statistics report
[ INFO ] Execution Devices:['GPU.0']     [ INFO ] Execution Devices:['GPU.0']
[ INFO ] Count:           4040 iterations[ INFO ] Count:           4348 iterations
[ INFO ] Duration:         60077.81 ms   [ INFO ] Duration:         60087.28 ms
[ INFO ] Latency:                        [ INFO ] Latency:
[ INFO ]    Median:           58.64 ms   [ INFO ]    Median:           54.66 ms
[ INFO ]    Average:          59.22 ms   [ INFO ]    Average:          55.08 ms
[ INFO ]    Min:              29.93 ms   [ INFO ]    Min:              24.97 ms
[ INFO ]    Max:              73.12 ms   [ INFO ]    Max:              62.48 ms
[ INFO ] Throughput:       67.25 FPS     [ INFO ] Throughput:       72.36 FPS
```

图 4-6　纯 AI 推理计算性能比较

代码清单 4-7　关键的预处理函数、后处理函数和性能评估函数

```python
# YOLOv8 预处理函数
def preprocess_image(image: np.ndarray, target_size=(640, 640), enable_ppp=False) -> np.ndarray:
    """
    对输入图像进行预处理,以便用于神经网络模型的输入。

    参数:
    - image: np.ndarray
        输入的图像数组。
    - target_size:tuple,默认为(640, 640)
        目标图像的尺寸,预处理后图像的宽度和高度将调整为此尺寸。
    - enable_ppp: bool,默认为 False
        根据 enable_ppp 决定是否启用针对内嵌预处理模型的预处理步骤。
        如果 enable_ppp=True,则无须调用 OpenCV 的预处理函数 cv2.dnn.blobFromImage。
        如果 enable_ppp=False,则增加 batch 维度,然后返回。

    返回:
    - np.ndarray
        预处理后的图像数据,可以直接输入到神经网络中。
    """
    # 使用 letterbox 函数调整图像大小,确保比例不失真
    image = letterbox(None, image)
    # 根据 enable_ppp 标识决定是否仅增加 batch 维度并返回
    if enable_ppp:
        return np.expand_dims(image, axis=0)
    # 调用 OpenCV 的预处理函数 cv2.dnn.blobFromImage 对数据进行预处理
    blob = cv2.dnn.blobFromImage(image, scalefactor=1 / 255, size=target_size, swapRB=True)
    return blob

# YOLOv8 后处理函数
def postprocess_output(outputs):
    """
    对模型输出进行后处理,提取预测的边界框、类别 ID 及相应的置信度。

    参数:
```

    - outputs: 模型的原始输出,通常是由一个或多个张量组成的列表。

    返回:
    - boxes: list
        检测到的对象边界框坐标列表,每个元素都是一个包含四个值[x_min, y_min, width, height]的列表。
    - scores: list
        每个检测框对应的置信度列表。
    - class_ids: list
        每个检测框所属类别的 ID 列表。
    """
    # 调整输出形状,便于后续处理
    outputs = np.array([cv2.transpose(outputs[0])])
    rows = outputs.shape[1]   # 获取行数,即潜在检测对象的数量

    # 初始化存储结果的列表
    boxes = []   # 存储边界框
    scores = []   # 存储置信度
    class_ids = []   # 存储类别 ID

    # 遍历每一条检测结果
    for i in range(rows):
        # 提取当前对象对于所有类别的置信度
        classes_scores = outputs[0][i][4:]

        # 找到最大分数及其位置
        (minScore, maxScore, minClassLoc, (x, maxClassIndex)) = cv2.minMaxLoc(classes_scores)

        # 如果最大分数超过阈值,则保存该检测结果
        if maxScore >= 0.25:
            # 计算边界框的坐标
            box = [
                outputs[0][i][0] - (0.5 * outputs[0][i][2]),   # x_center - 0.5*width
                outputs[0][i][1] - (0.5 * outputs[0][i][3]),   # y_center - 0.5*height
                outputs[0][i][2],   # width
                outputs[0][i][3]]   # height

            # 添加到结果列表
            boxes.append(box)
            scores.append(maxScore)
            class_ids.append(maxClassIndex)

    # 返回处理后的结果
    return boxes, scores, class_ids

# 性能评估函数
def benchmark_model(model_path, enable_ppp=False, interations=100):
    """
    该函数用于评估模型的推理计算性能,包括吞吐量(FPS)和平均延迟时间(s)。
```
```

参数：
- model_path: str
    模型文件的路径。
- enable_ppp: bool,默认为 False
    根据 enable_ppp 决定是否启用针对内嵌预处理模型的预处理步骤。
    如果 enable_ppp=True,则无须调用 OpenCV 的预处理函数 cv2.dnn.blobFromImage。
    如果 enable_ppp=False,则增加 batch 维度,然后返回。
- interations: int,默认为 100
    用于性能评估的迭代次数。

返回：
- perf: str
    评估结果字符串,格式为"吞吐量：X.XXFPS；平均延迟：XX.XXs"。
"""

```python
# 从指定模型路径加载模型并针对特定设备进行编译
compiled_model = core.compile_model(model=model_path,
                                    device_name=device,
                                    config=config)

# 记录开始时间,使用高性能计数器获取更精确的时间度量
start = time.perf_counter()

# 进行指定次数的迭代以评估模型性能
for _ in range(interations):
    # 读取测试图像数据
    frame = cv2.imread(image_path)

    # 对图像进行预处理
    # 根据 enable_ppp 决定是否启用针对内嵌预处理模型的预处理步骤
    blob = preprocess_image(frame, enable_ppp=enable_ppp)

    # 使用编译后的模型对预处理后的图像数据进行推理计算
    result = compiled_model(blob)[0]

    # 对模型输出的结果进行后处理,如解码边界框、分数和类别 ID
    boxes, scores, class_ids = postprocess_output(result)

    # 应用非极大值抑制(NMS)算法,去除冗余的边界框,只保留最有可能的检测结果
    result_boxes = cv2.dnn.NMSBoxes(boxes, scores, 0.25, 0.45, 0.5)

# 记录结束时间并计算总耗时
end = time.perf_counter()
time_ir = end - start

# 计算并格式化输出模型的吞吐量(FPS)和平均延迟时间(s)
perf = f"吞吐量：{(interations/time_ir):.2f}FPS；平均延迟：{(time_ir/interations):.4f}s"
return perf
```

运行 yolov8_od_sync_with_ppp.py，结果如图 4-7 所示，可以看到内嵌了预处理的模型，其端到端的 AI 推理计算性能优于原始模型。

```
(ov_book) D:\chapter_4>python yolov8_od_sync_with_ppp.py
benchmark orginal yolov8s model...
吞吐量：41.89FPS；平均延迟：0.0239s
benchmark yolov8s with embedded preprocessing operations.
吞吐量：51.93FPS；平均延迟：0.0193s
```

图 4-7　端到端的 AI 推理计算性能比较

4.3　torchvision 预处理转换器

对于某些数值敏感的神经网络，若推理时用的预处理函数与训练时用的推理函数不一致，会导致推理计算的预测精度严重下降。例如，torchvision.transforms.functional.resize( ) 与 OpenCV 的 cv2.resize( ) 在对同一张图像进行同尺寸放缩后，相同位置的像素值不一样，验证代码如代码清单 4-8 所示。

代码清单 4-8　compare_resize.py

```python
import cv2
from PIL import Image
import torchvision.transforms.functional as F
# 使用 OpenCV 读取图像并转换为 RGB
image_cv = cv2.imread('coco.jpg')
image_cv = cv2.cvtColor(image_cv, cv2.COLOR_BGR2RGB)
# 使用 cv2.resize 将图像放缩到[224,224]
image_cv = cv2.resize(image_cv,[224,224])
print(f"image_cv[100,100]的像素值为：{image_cv[100,100]}")
# 使用 PIL 读取图像，图像默认为 RGB
image_pil = Image.open('coco.jpg')
# 使用 F.resize 将图像放缩到[224,224]
image_pil = F.resize(image_pil,[224,224])
print(f"image_pil[100,100]的像素值为：{image_pil.getpixel((100, 100))}")
```

运行 compare_resize.py，结果如图 4-8 所示，可以看出：OpenCV 的 cv2.resize( ) 和 torchvision.transforms.functional.resize( ) 在对同一张图像进行同尺寸放缩后，相同位置的像素值不一样。

```
(ov_book) D:\chapter_4>python compare_resize.py
image_cv[100,100]的像素值为： [25 29 31]         相同位置的
image_pil[100,100]的像素值为： (36, 33, 36)      像素值不一样
```

图 4-8　不同 resize( ) 方法的结果不一样

若训练时用 torchvision.transforms 里面的函数实现数据预处理，在推理时，最佳解决方案是直接将训练时用的 torchvision 预处理函数转换为 OpenVINO™ 预处理函数。OpenVINO™ 现已提供 torchvision preprocessing converter（预处理转换器）来实现上述目的。

当前，torchvision 预处理转换器已支持的 torchvision.transforms 里面的类有：

- transforms.Compose；
- transforms.Normalize；
- transforms.ConvertImageDtype；
- transforms.Grayscale；
- transforms.Pad；
- transforms.ToTensor；
- transforms.CenterCrop；
- transforms.Resize。

借助 torchvision 预处理转换器，可以非常方便地把训练时的数据预处理快速嵌入训练好的模型中，范例程序如代码清单 4-9 所示。

代码清单 4-9 embed_torchvision.py

```
import torch.nn.functional as f
import openvino as ov
import numpy as np
import torchvision
import torch
import os

from openvino.preprocess.torchvision import PreprocessConverter
from PIL import Image

# 1. 创建示例模型
class Convnet(torch.nn.Module):
    def __init__(self, input_channels):
        super(Convnet, self).__init__()
        self.conv1 = torch.nn.Conv2d(input_channels, 6, 5)
        self.conv2 = torch.nn.Conv2d(6, 16, 3)

    def forward(self, data):
        data = f.max_pool2d(f.relu(self.conv1(data)), 2)
        data = f.max_pool2d(f.relu(self.conv2(data)), 2)
        return data

# 2. 定义基于 torchvision.transforms 的预处理流程
preprocess_pipeline = torchvision.transforms.Compose(
    [
        torchvision.transforms.Resize(256, interpolation=torchvision.transforms.InterpolationMode.NEAREST),
        torchvision.transforms.CenterCrop((216, 218)),
        torchvision.transforms.Pad((2, 3, 4, 5), fill=3),
        torchvision.transforms.ToTensor(),
        torchvision.transforms.ConvertImageDtype(torch.float32),
        torchvision.transforms.Normalize(mean=[0.485, 0.456, 0.406], std=[0.229, 0.224, 0.225]),
```

```
    ]
)

# 3. 导出 ONNX 模型
torch_model = Convnet(input_channels=3)
torch.onnx.export(torch_model, torch.randn(1, 3, 224, 224), "test_convnet.onnx", verbose=
False, input_names=["input"], output_names=["output"])
# 4. 用 OpenVINO 读入 ONNX 模型
core = ov.Core()
ov_model = core.read_model(model="test_convnet.onnx")
if os.path.exists("test_convnet.onnx"):
    os.remove("test_convnet.onnx")
test_input = np.random.randint(255, size=(260, 260, 3), dtype=np.uint16)

# 5. 将 torchvision 预处理嵌入 OpenVINO 模型
ov_model = PreprocessConverter.from_torchvision(
    model=ov_model, transform=preprocess_pipeline, input_example=Image.fromarray(test_
input.astype("uint8"), "RGB")
)
# 6. 编译嵌入 torchvision 预处理的模型
ov_model = core.compile_model(ov_model,"CPU")

# 7. 执行推理计算
ov_input = np.expand_dims(test_input,axis=0)
output = ov_model.output(0)
ov_result = ov_model(ov_input)[output]
```

到此，将预处理操作嵌入 OpenVINO™ 模型已介绍完毕，接下来将介绍如何使用异步推理进一步提升端到端的 AI 程序性能。

4.4 使用异步推理提升 AI 程序的吞吐量

在 1.6 节中介绍了同步推理程序，同步推理的好处是易学易用，简单直观；其不足是没有充分利用计算设备，如图 4-9 所示。

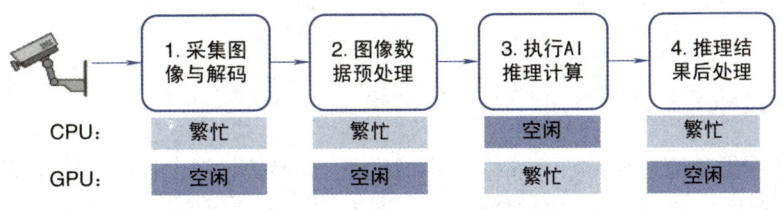

图 4-9 同步推理没有充分利用计算设备

异步推理实现方式是指在当前帧图片做 AI 推理计算时，并行启动下一帧图片的图像采集和图像数据预处理工作，使得当前帧的 AI 推理计算结束后，AI 计算设备可以不用等待，直接做下一帧的 AI 推理计算，持续保持 AI 计算设备繁忙，如图 4-10 所示。

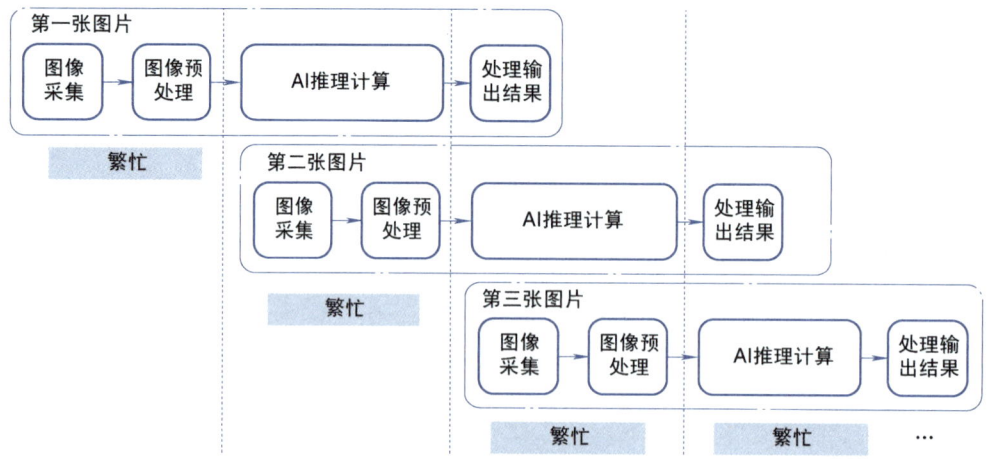

图 4-10 异步推理充分利用计算设备

使用 benchmark_app 工具，在英特尔独立显卡上评测 YOLOv8s 模型，并分别指定执行方式为同步（sync）和异步（async），然后观察性能测试结果，如图 4-11 所示，可见异步方式的确能提高计算设备的利用率，从而提高 AI 推理计算的吞吐量。

```
benchmark_app -m yolov8s.xml -d GPU.1 -api sync
benchmark_app -m yolov8s.xml -d GPU.1 -api async
```

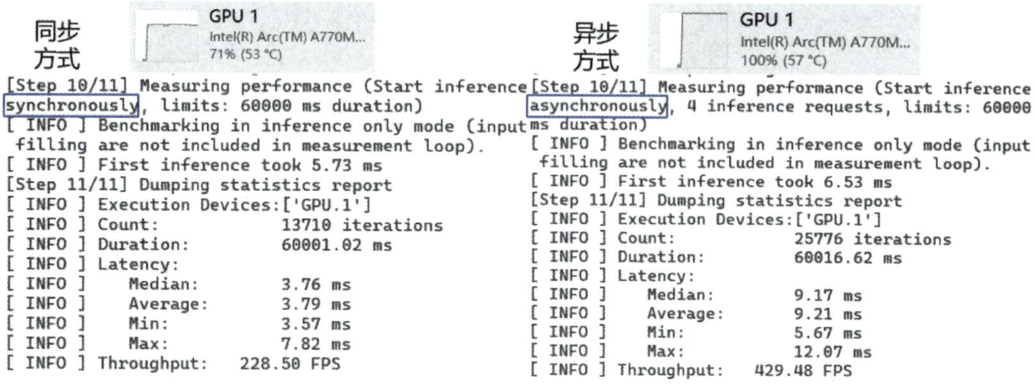

图 4-11 同步方式与异步方式的对比

4.4.1 OpenVINO™ 异步推理 API

OpenVINO™ 用**推理请求**（infer request）来抽象在指定计算设备上运行已编译模型（Compiled_Model）。从编写程序的角度来看，推理请求是一个类，如代码清单 4-10 所示，它封装了推理请求以同步或异步方式运行的属性和方法。

代码清单 4-10 InferRequest 类

```
/**
 * @brief 此类表示一个推理请求,能够以异步或同步的方式执行。
```

```cpp
 * @ingroup ov_runtime_cpp_api
 */
class OPENVINO_RUNTIME_API InferRequest {
    std::shared_ptr<ov::IAsyncInferRequest> _impl; ///< 实现异步推理请求的具体对象指针
    std::shared_ptr<void> _so; ///< 插件库的句柄,确保插件对象销毁后,InferRequest 仍能正常工作

    /**
     * @brief 通过初始化后的 std::shared_ptr 构造 InferRequest 对象。
     * @param impl 已初始化的共享指针,指向 IAsyncInferRequest 实例。
     * @param so 使用的插件句柄,确保即使插件对象被销毁,InferRequest 也能正常执行。
     */
    InferRequest(const std::shared_ptr<ov::IAsyncInferRequest>& impl, const std::shared_ptr<void>& so);
    friend class ov::CompiledModel; ///< 将 ov::CompiledModel 声明为友元类,允许其访问私有成员

public:
    /**
     * @brief 默认构造函数。
     */
    InferRequest() = default;

    /**
     * @brief 同步模式下执行指定的输入推理。
     * @note 当请求正在进行(运行或队列中等待)时,会阻塞 InferRequest 的所有方法调用。
     *       试图调用任何方法时将抛出 ov::Busy 异常。
     */
    void infer();

    /**
     * @brief 取消推理请求。
     * 若请求已在队列中或正在执行,则尝试取消。
     */

    /**
     * @brief 异步模式下启动指定输入的推理。
     * @note 立即返回,推理几乎同时开始。
     *       如果请求处于运行状态时调用任何方法,则将抛出 ov::Busy 异常。
     */
    void start_async();

    /**
     * @brief 等待推理结果变为可用。一直阻塞,直到结果准备好。
     */
    void wait();

    /**
     * @brief 等待推理结果变为可用,或直至指定的超时时间到达。
     * @param timeout 要等待的最大毫秒数。
     * @return 如果推理请求准备就绪,则返回 true,否则返回 false。
     */
    bool wait_for(const std::chrono::milliseconds timeout);
```

```cpp
/**
 * @brief 设置异步请求成功或失败时调用的回调函数。
 * @param callback 当推理完成时调用的回调函数对象。
 * @warning 不要在回调中捕获 OpenVINO 运行时对象的强引用。
 * 避免捕获如下类型的对象：
 *   - ov::InferRequest
 *   - ov::ExecutableNetwork
 *   - ov::Core
 * 由于这些对象实现了共享引用的概念，直接按值捕获可能导致内存泄漏或未定义行为。
 * 建议使用弱引用或指针。
 */
void set_callback(std::function<void(std::exception_ptr)> callback);

}; ///< InferRequest 类定义结束
```

通过 create_infer_request( ) 方法，可以创建 InferRequest 类的实例如下。

```
ir = compiled_model.create_infer_request()
```

InferRequest 实例中用于实现同步推理和异步推理的方法主要有以下 3 个。

- infer( )：实现同步推理计算。
- start_sync( )和 wait( )：实现异步推理计算。
- start_sync( )通过非阻塞（non-blocking）的方式启动推理计算，wait( )用于等待推理计算结束。

基于上述方法，分别以同步推理和异步推理方式实现伪代码，见表 4-1。

表 4-1 同步推理与异步推理伪代码

同步推理伪代码	异步推理伪代码

# 创建一个负责处理当前帧的推理请求即可 	
ir = compiled_model.create_infer_request( )
……
while True：
# 采集当前帧图像 	
# 对当前帧做预处理 	
# 调用 infer( )，以阻塞方式启动推理计算 	
    ir.infer( )
# 对推理结果做后处理 	
	# 创建一个推理请求负责处理当前帧
	ir_curr = compiled_model.create_infer_request( )
	# 创建一个推理请求负责处理下一帧
	ir_next = compiled_model.create_infer_request( )
	……
	# 采集当前帧图像
	# 对当前帧做预处理
	# 调用 start_async( )，以非阻塞方式启动当前帧推理计算
	ir_curr.start_async( )
	
	while True：
	# 采集下一帧
	# 对下一帧做预处理
	# 调用 start_async( )，以非阻塞方式启动下一帧推理计算
	    ir_next.start_async( )
	# 调用 wait( )，等待当前帧推理计算结束
	    ir_curr.wait( )
	# 对当前帧推理结果做后处理
	# 交换当前帧推理请求和下一帧推理请求
	    ir_curr, ir_next = ir_next, ir_curr

4.4.2 YOLOv8 异步推理范例

根据表 4-1，实现 YOLOv8 异步推理代码，如代码清单 4-11 所示。为了更好地呈现异步推理代码的结构，范例代码直接使用了 Ultralytics 工具包中 YOLO 类自带的 preprocess() 和 postprocess() 方法。

代码清单 4-11　yolov8_od_sync_vs_async.py

```
# Benchmark 异步推理计算
# 创建一个负责处理当前帧的推理请求
ir_curr = ov_model.create_infer_request()
# 创建一个推理请求来负责处理下一帧
ir_next = ov_model.create_infer_request()
# 采集当前帧图像
img_curr = cv2.imread(IMAGE_PATH)
# 对当前帧做预处理
im_curr = det_model.predictor.preprocess([img_curr]).numpy()
# 调用 start_async(),以非阻塞方式启动当前帧的推理计算
ir_curr.set_tensor(input_node, Tensor(im_curr))
ir_curr.start_async()

start = time.perf_counter()
for _ in range(interations):

    # 采集下一帧
    img_next = cv2.imread(IMAGE_PATH)
    # 对下一帧做预处理
    im_next = det_model.predictor.preprocess([img_next]).numpy()
    # 调用 start_async(),以非阻塞方式启动当前帧的推理计算
    ir_next.set_tensor(input_node, Tensor(im_next))
    ir_next.start_async()
    # 调用 wait(),等待当前帧的推理计算结束
    ir_curr.wait()
    # 对当前帧的推理结果做后处理
    output = torch.from_numpy(ir_curr.get_tensor(output_node).data)
    res = det_model.predictor.postprocess(output, im_curr, [img_curr])
    # 交换当前帧推理请求和下一帧推理请求
    ir_curr, ir_next = ir_next, ir_curr
    # 交换当前帧和下一帧图像数据
    im_curr, im_next = im_next, im_curr
    img_curr, img_next = img_next, img_curr

# 记录结束时间并计算总耗时
end = time.perf_counter()
time_async = end - start
```

运行 yolov8_od_sync_vs_async.py，结果如图 4-12 所示，可见异步推理相比同步推理能明显提升 AI 程序的吞吐量。

```
(ov_book) D:\chapter_4>python yolov8_od_sync_vs_async.py

image 1/1 D:\chapter_4\coco.jpg: 480x640 6 cars, 2 trucks, 1 dog, 99.1ms
Speed: 3.0ms preprocess, 99.1ms inference, 2.0ms postprocess per image a
t shape (1, 3, 480, 640)
同步推理计算的吞吐量: 63.21FPS; 平均延迟: 0.0158s
异步推理计算的吞吐量: 95.69FPS; 平均延迟: 0.0105s
```

图 4-12　同步推理与异步推理结果对比

4.5　使用 AsyncInferQueue 进一步提升 AI 程序的吞吐量

上节介绍了使用 start_async( ) 和 wait( ) 方法基于两个推理请求实现的异步推理计算，该异步推理实现方式相对于同步推理方式，明显提升了 AI 程序的吞吐量。

在运行 yolov8_od_sync_vs_async.py 时，从任务管理器中可以看到，在同步推理方式下计算设备的利用率大约为 24%，在异步推理方式下计算设备的利用率大约为 33%，这说明计算设备的利用率还有很大的提升空间，如图 4-13 所示。

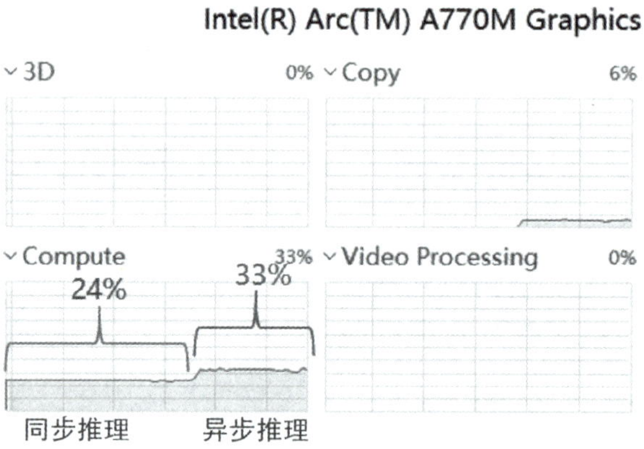

图 4-13　运行 yolov8_od_sync_vs_async.py 时的设备利用率对比

AsyncInferQueue 类是 OpenVINO™ Python API 提供的独有特性（其他语言的 API 暂不支持），为方便管理并行执行的推理请求而设计，特别适用于需要高效利用计算资源、减少等待时间的异步执行环境。

AsyncInferQueue 类通过自动化管理推理请求的生命周期，简化了复杂异步处理逻辑的实现，使得开发者能够更加专注于构建高性能的机器学习应用，其常用方法和属性如下。

- __init__(self, compiled_model, jobs = 0)：创建 AsyncInferQueue 实例，并自动创建和管理一组由参数 jobs 指定个数的推理请求，jobs＝0 意味着根据指定的推理硬件创建最佳个数的推理请求；每个推理请求会分配一个唯一的 ID，方便用户跟踪和管理各推理请求的状态。

- set_callback(func_name)：为推理请求池中所有的推理请求设置一个共同的回调函数，这意味着无论哪个请求完成，都将调用同一个回调函数进行后续处理，简化对异步执行结果的管理。
- start_async(inputs, userdata = None)：以非阻塞方式异步启动推理请求。
- wait_all( )：建议每个使用 AsyncInferQueue 的代码段以调用 wait_all( ) 函数作为结束，该函数提供了对推理请求池中所有推理请求的"全局"同步。这意味着它会等待所有推理请求完成，确保在访问或处理推理请求结果时的安全性，防止数据竞争和不一致性问题。通过这种方式，开发者可以简单且高效地控制整个异步推理过程，确保所有并行执行的任务在继续下一步操作前都已完成，保证程序逻辑的连贯性和正确性。

用 AsyncInferQueue 类实现 YOLOv8 异步推理计算的关键代码，见代码清单 4-12。完整代码参见 yolov8_od_async_infer_queue.py。

代码清单 4-12　用 AsyncInferQueue 类实现 YOLOv8 异步推理计算

```python
# 自定义 AsyncInferQueue 要求的回调函数
def postprocess(ir: InferRequest, userdata: tuple):
    output = torch.from_numpy(ir.output_tensors[0].data)
    # 为了展示最大化的 GPU 利用率,Benchmark 过程中不进行后处理
    # res = det_model.predictor.postprocess(output, userdata[1], userdata[2])
    return

# 创建异步推理请求队列并设置回调函数
ireqs = AsyncInferQueue(ov_model)
print('AsyncInferQueue 中的推理请求数量:', len(ireqs))
ireqs.set_callback(postprocess)
# ... ...
# 本范例的 Benchmark 不包含前处理和后处理
start = time.perf_counter()                                   # 开始计时
for i in range(niter):

    idle_id =ireqs.get_idle_request_id()                      # 获取空闲的推理请求 ID
    if idle_id in in_fly:
        latencies.append(ireqs[idle_id].latency)
    else:
        in_fly.add(idle_id)
    # 使用推理请求池中空闲的推理请求执行异步推理
    ireqs.start_async({0:im.numpy()},(i, im, [ori_img]))      # 发起异步推理请求
# 等待所有请求完成
ireqs.wait_all()
```

运行 yolov8_od_async_infer_queue.py，结果如图 4-14 所示，可见 AsyncInferQueue 并发了 4 个推理请求，相比之前两个推理请求的异步实现方式，更加高效地利用了英特尔® 独立显卡 A770M。

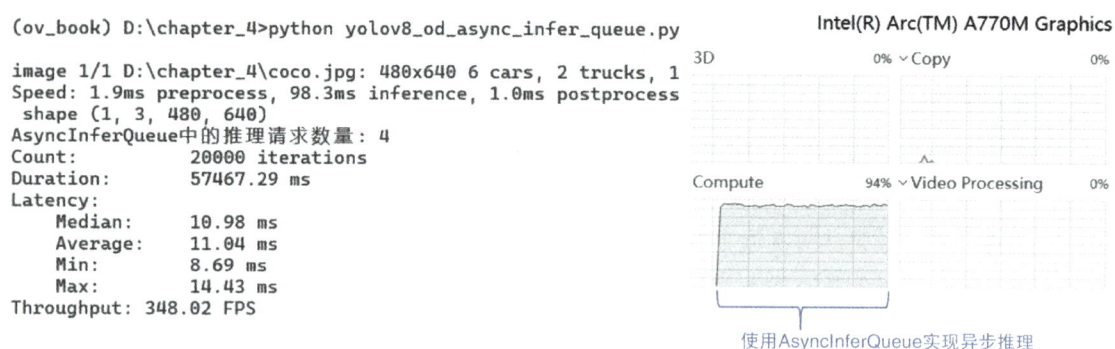

图 4-14　yolov8_od_async_infer_queue.py 运行结果

4.6　多路视频流并行推理

在 AI 视频分析解决方案中，通常会将多路视频流接入同一个 AI 视频分析盒中进行并行推理计算，如图 4-15 所示。本节将基于 AsyncInferQueue 实现 4 路视频流并行推理。

图 4-15　多路视频流并行推理

4.6.1　下载无版权视频

考虑到很多读者比较难凑齐 4 个 IP 摄像头（手中没有 IP 摄像头并不妨碍学习多路视频流并行推理），且从 IP 摄像头拉流和从视频文件中读取每帧视频数据所用的 OpenCV API 函数都是 cv2.VideoCapture()，如代码清单 4-13 所示，所以，读者可从 https://storage.openvinotoolkit.org/data/test_data/videos 中下载无版权的视频 worker-zone-detection.mp4 以替代 IP 摄像头来提供视频数据。

代码清单 4-13　从 IP 摄像头或本地文件读取视频数据

```
# 视频文件路径
video_path ="worker-zone-detection.mp4"
# 创建一个 VideoCapture 对象来读取视频
cap = cv2.VideoCapture(video_path)

# IP 摄像头的 RTSP 视频流的 URL,请替换为实际的 RTSP 链接
```

```python
rtsp_url = "rtsp://username:password@ip_address:port/stream"
# 创建一个 VideoCapture 对象来读取 RTSP 视频流
cap = cv2.VideoCapture(rtsp_url)
```

4.6.2　下载 person-detection-0202 模型并准备前、后处理函数

首先，从 Open Model Zoo 下载 person-detection-0202 模型到本地待用。

```
pip install openvino-dev
omz_downloader --name person-detection-0202 --precision FP16 --output_dir model
--cache_dir model
```

然后，编写 person-detection-0202 模型的前、后处理函数，如代码清单 4-14 所示。

代码清单 4-14　utils_person_detection.py

```python
def preprocess(image, target_shape):
    """
    定义输入数据的预处理函数。
    :param image: 原始输入帧。
    :param target_shape: 目标尺寸,用于调整图像大小。
    :return resized_image: 处理后的图像。
    """
    # 调整图像大小至目标尺寸
    resized_image = cv2.resize(image, target_shape)
    # 将 BGR 图像转换为 RGB 图像
    resized_image = cv2.cvtColor(np.array(resized_image), cv2.COLOR_BGR2RGB)
    # 转换图像维度顺序,以便适应模型输入要求(通道数在前)
    resized_image = resized_image.transpose((2, 0, 1))
    # 添加批次维度并转换为浮点型
    resized_image = np.expand_dims(resized_image, axis=0).astype(np.float32)
    return resized_image

def postprocess(result, image, fps):
    """
    定义输出数据的后处理函数,用于绘制检测框及显示 FPS 信息。
    :param result: 推理结果。
    :param image: 原始输入帧。
    :param fps: 每帧的平均吞吐量(帧率)。
    :return image: 绘制了检测框和 FPS 信息的图像。
    """
    # 将结果重塑为检测框数组,每个检测都会包含类别 ID、图像 ID、置信度以及边界框坐标
    detections = result.reshape(-1, 7)
    # 遍历所有检测到的目标
    for i, detection in enumerate(detections):
        _, image_id, confidence, xmin, ymin, xmax, ymax = detection
        # 只保留置信度高于 0.5 的目标
        if confidence > 0.5:
            # 计算边界框的实际像素位置,并确保其在图像范围内
            xmin = int(max((xmin * image.shape[1]), 10))
```

```python
            ymin = int(max((ymin * image.shape[0]), 10))
            xmax = int(min((xmax * image.shape[1]), image.shape[1] - 10))
            ymax = int(min((ymax * image.shape[0]), image.shape[0] - 10))
            # 在图像上绘制矩形框
            cv2.rectangle(image, (xmin, ymin), (xmax, ymax), (0, 255, 0), 2)
            # 在图像上显示 FPS 信息
            cv2.putText(
                image,
                str(round(fps,2)) + " fps",
                (5, 20),
                cv2.FONT_HERSHEY_SIMPLEX,
                0.7,
                (0, 255, 0),
                3,
            )
    return image
```

4.6.3 编写推理线程

推理线程由两个部分组成，具体实现参见代码清单 4-15。

- InferenceThread 类：抽象视频数据采集、图像预处理和基于 AsyncInferQueue 类的异步推理。
- callback 函数：这是 AsyncInferQueue 要求的回调函数，用于推理结果后处理。

代码清单 4-15　推理线程

```python
def callback(infer_request, info) -> None:
    """
    回调函数：用于 AsyncInferQueue 的推理请求后的操作,
    包括计算延迟时间、帧率和后处理帧数据,并将处理后的帧放入显示队列中。

    参数:
    - infer_request: 推理请求对象,包含了推理的执行信息和结果。
    - info: 一个元组,包含当前需要处理的帧以及用于显示处理后帧的队列。
            具体结构为 (frame, display_queue)。
    返回:   无。
    """
    # 获取当前推理请求的耗时(latency)
    latency = infer_request.latency
    # 解构传入的 info 元组,获取当前帧和用于显示的队列
    frame, display_queue = info
    # 计算推理的帧率 (FPS)
    inferqueue_fps = (1.0 / latency) * 1000
    # 从推理请求的输出中获取第一个张量的数据
    res = infer_request.get_output_tensor(0).data[0]
    # 对帧应用后处理操作,如解码、放缩、添加推理结果等,并传入帧、原始帧和推理队列 FPS
    frame = postprocess(res, frame, inferqueue_fps)
    # 将处理后的帧放入显示队列中,等待显示
```

```python
            display_queue.put(frame)
class InferenceThread(threading.Thread):
    """
    类 InferenceThread 继承自 threading.Thread，用于异步执行模型推理任务，
    包括从摄像头读取视频流、预处理帧、异步推断以及将结果显示到队列中。

    属性：
    - display_queue: 用于存放处理后帧的队列，供显示线程使用。
    - infer_queue: OpenVINO 的 AsyncInferQueue 对象，管理推理请求的队列。
    - cap: cv2.VideoCapture 对象，用于从指定 URL 中捕获视频流。

    方法：
    - __init__: 初始化摄像头 URL、显示队列，创建推理请求队列，并初始化摄像头。
    - open_camera: 打开指定 URL 的摄像头，检查是否成功打开。
    - run: 线程主循环，读取视频帧，预处理后送入推理队列以进行异步推理。
    - release_camera: 关闭当前打开的摄像头资源。
    """

    def __init__(self, camera_url, display_queue):
        """
        初始化 InferenceThread 实例。

        参数：
        - camera_url: 摄像头的 URL 或设备索引。
        - display_queue: 用于存放处理后帧的队列。
        """
        super().__init__()
        self.display_queue = display_queue
        # 创建推理请求队列
        self.infer_queue = ov.AsyncInferQueue(ov_model)
        self.infer_queue.set_callback(callback)
        # 初始化摄像头
        self.cap = cv2.VideoCapture()
        self.open_camera(camera_url)

    def open_camera(self, camera_url):
        """
        打开指定 URL 的摄像头设备。

        参数：
        - camera_url: 摄像头的 URL 或设备索引。
        如果无法打开摄像头，则输出错误信息并退出程序。
        """
        self.cap.open(camera_url)
        if not self.cap.isOpened():
            print(f"Could not open camera: {camera_url}")
            exit(-1)

    def run(self):
```

```
    """
    线程运行方法,持续从摄像头读取帧,进行预处理,并异步推断。
    如果读取帧失败或摄像头断开连接,则释放摄像头资源并结束线程。
    """
    while True:
        ret, frame = self.cap.read()
        if not ret:
            print("Error or camera disconnected.")
            self.release_camera()
            break
        else:
            resized_image = preprocess(frame, input_shape)
            self.infer_queue.start_async({input_layer.any_name: resized_image},
                            (frame,self.display_queue))

def release_camera(self):
    """
    释放摄像头资源。
    """
    if self.cap.isOpened():
        self.cap.release()
```

4.6.4 编写显示线程

显示线程主要实现从多个队列中获取已处理好的图像数据,然后将其合并成单一图像并在窗口中显示,如代码清单 4-16 所示。

代码清单 4-16　显示线程

```
class DisplayThread(threading.Thread):
    """
    显示线程类,负责从多个队列中获取图像数据,将其合并成单一图像并在窗口中显示。
    支持通过按键<q>退出显示循环。

    属性:
    - queues:一个包含多个队列的列表,每个队列都提供待显示的图像帧。
    - running:布尔值,表示线程是否应继续运行。

    方法:
    - __init__:初始化 DisplayThread 实例,设置队列列表和运行标识。
    - run:线程的主要执行逻辑,循环检查队列获取图像,合并并显示。
    - combine_images:将给定的图像列表水平和垂直拼接成单个图像。
    - combine_and_resize_images:拼接图像后进一步调整其尺寸。
    """

    def __init__(self, queues):
        """
        初始化 DisplayThread 实例。
```

```python
        参数:
        - queues: 一个列表,包含用于接收图像帧的队列对象。
        """
        super().__init__()
        self.queues = queues
        self.running = True

    def run(self):
        """
        线程运行方法,循环检查每个队列获取图像帧,当所有队列均有图像时,
        进行拼接、调整尺寸并显示。监听键盘事件允许用户通过按下<q>键退出。
        """
        while self.running:
            frames = []
            # 尝试从每个队列获取图像
            for q in self.queues:
                if not q.empty():
                    frames.append(q.get())
                else:
                    # 若任一队列空,则短暂停顿以避免频繁检查
                    time.sleep(0.01)
                    break

            # 所有队列均有图像时,进行处理和显示
            if len(frames) == 4:
                combined_image = self.combine_and_resize_images(frames)
                cv2.imshow('Inference Results', combined_image)

                # 监听键盘事件,按<q>键退出
                if cv2.waitKey(1) & 0xFF == ord('q'):
                    self.running = False

        # 清理显示窗口
        cv2.destroyAllWindows()

    def combine_images(self, images):
        """
        将提供的图像列表按 2×2 网格形式拼接成一个大图。

        参数:
        - images: 图像列表,假定所有图像尺寸相同。

        返回:
        - combined_image: 拼接后的图像。
        """
        rows = [np.concatenate((images[i], images[i+1]), axis=1) for i in range(0, len(images), 2)]
        return np.concatenate(rows, axis=0)
```

```python
def combine_and_resize_images(self, images):
    """
    拼接图像后,根据预设的比例调整其尺寸。

    参数:
    - images: 待处理的图像列表。

    返回:
    - resized_image: 调整尺寸后的拼接图像。
    """
    # 首先拼接图像
    combined_image = self.combine_images(images)
    # 计算新的高度和宽度(这里示例为原尺寸的1/4)
    height, width = combined_image.shape[:2]
    new_height, new_width = height //4, width // 4
    # 调整图像尺寸
    return cv2.resize(combined_image, (new_width, new_height))
```

4.6.5　启动多线程

在 main 函数中,初始化推理和显示线程,然后启动所有线程,即可实现多摄像头多线程推理计算,如代码清单 4-17 所示。

代码清单 4-17　启动多线程

```python
if __name__ == "__main__":

    # 为每个推理结果都创建一个专属队列
    display_queues = [queue.Queue() for _ in camera_urls]
    # 为每个摄像头都创建一个专属推理线程
    inference_threads = [InferenceThread(url, dq) for url, dq in zip(camera_urls, display_queues)]
    # 创建一个显示线程
    display_thread = DisplayThread(display_queues)
    # 启动所有线程
    for thread in inference_threads + [display_thread]:
        thread.start()

    # 等待键盘输入结束
    print("Press 'q' to quit each camera window.")
    while cv2.waitKey(1) != ord('q'):
        pass
    # 清理工作,关闭所有窗口和释放摄像头资源
    display_thread.running = False
    display_thread.join()

    cv2.destroyAllWindows()
    for thread in inference_threads + [display_thread]:
        thread.stop()
```

完整代码实现请参见 multi_cameras_async_infer.py，运行结果如图 4-16 所示。

图 4-16　multi_cameras_async_infer.py 运行结果

4.7　本章小结

本章面对端到端的 AI 程序推理计算性能优化需求，介绍了如何使用预处理 API 和异步推理计算等技术，以及如何通过提升计算硬件的利用率来提升 AI 程序的吞吐量。OpenVINO™ 既支持用预处理 API 将预处理内嵌到模型中，又支持将 torchvision 预处理直接转换并内嵌到模型中。

对于异步推理计算，OpenVINO™ 不仅提供利用 start_async( ) 和 wait( ) 方法，基于两个推理请求实现的异步推理，还提供利用 AsyncInferQueue 类、基于多个推理请求实现的异步推理，后者特别适合需要高效异步推理的应用场景。

第 5 章
OpenVINO™ 的编程生态

在前 4 章中，基于 OpenVINO™ 的 Python API 介绍了使用 OpenVINO™ 优化 AI 模型和加速 AI 推理计算的方法。为了让使用不同编程语言的开发者基于 OpenVINO™ 开发 AI 解决方案更加简单方便，除了 Python API 以外，OpenVINO™ 还支持官方提供的 C、C++、JavaScript API，以及 OpenVINO™ 社区提供的第三方支持的 OpenVINO™ C#、Java 和 LabVIEW API。

另外 OpenVINO™ 还集成到了一些知名框架中，成为推理加速的后端，如 PyTorch 2.×的 OpenVINO™ 后端（Backend）、Optimum Intel 的 OpenVINO™ 后端、LangChain 框架的 OpenVINO™ 后端、vLLM 的 OpenVINO™ 后端和 ONNX Runtime 的 OpenVINO™ 执行提供者（Execution Provider），如图 5-1 所示。

图 5-1 OpenVINO™ 的编程生态

阅读本章前，请先复制本书的范例代码仓到本地：

```
git clone https://github.com/openvino-book/openvino_handbook.git
```

5.1 指定 OpenVINO™ 为 PyTorch 2.×后端

PyTorch 2.×版本的核心演进是发布了 torch.compile 这一新功能，它在保持原有 Python 编程风格和易用性的基础上，极大地提升了 PyTorch 的性能表现，并且引领了一部分 PyTorch 代码从 C++ 向 Python 回归的趋势。

5.1.1 torch.compile 简介

torch.compile 包括下面四大技术。

- TorchDynamo：利用 Python 的帧评估钩子（Frame Evaluation Hooks）安全地捕获 PyTorch 程序，这一技术让动态捕获和静态编译在保持 Python 灵活性的同时，实现了性能的提升。
- AOTAutograd：对 PyTorch 现有的 autograd 引擎进行扩展，使其能够作为追踪自动微分工具，生成预编译的反向传播轨迹。这有助于提前优化和编译计算图，进一步加速训练过程。
- PrimTorch：将 PyTorch 中约 2000 多个算子简化归约为大约 250 个基本算子（Primitive Operators），为开发者构建完整的 PyTorch 后端降低了门槛。这一精简不仅简化了开发复杂度，还使得针对目标硬件做优化变得更加简单和高效。
- TorchInductor：这是一个采用了 OpenAI 的 Triton 作为关键组件的深度学习编译器，负责生成针对多种加速器和后端的高效代码。

5.1.2 OpenVINO™ 后端

在使用 torch.compile 时，仅添加两条语句即可指定 OpenVINO™ 作为 Torch FX 子图转换的执行后端，如图 5-2 所示，这样能够让 Torch FX（PyTorch 中一个用于模型图表示和操作的工具）在处理和优化模型时，能直接将子图转换成 OpenVINO™ 能够识别和执行的形式。

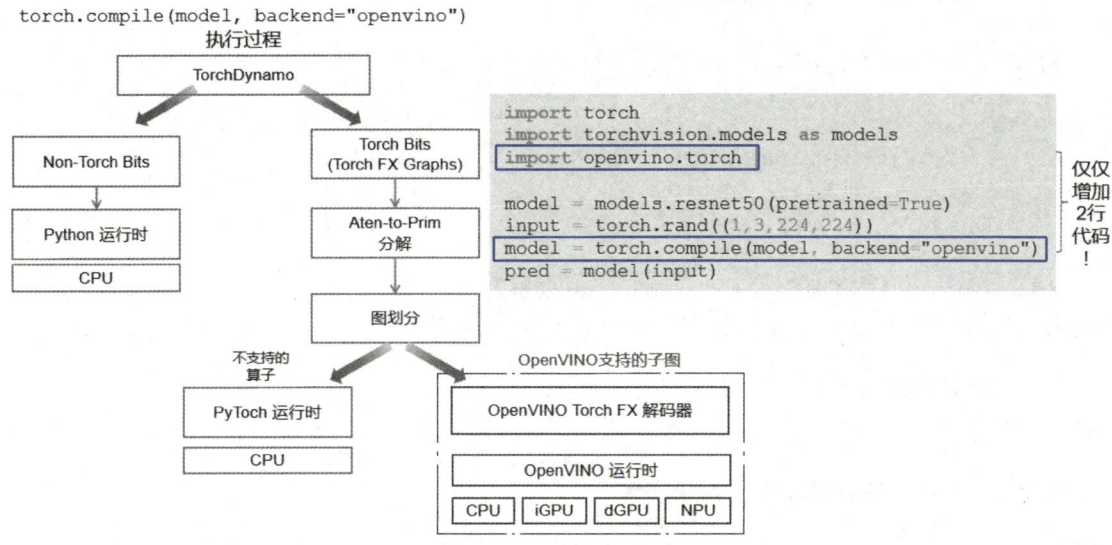

图 5-2　指定 OpenVINO 为执行后端

使用 OpenVINO™ 后端带来的好处如下。

- **性能提升**：OpenVINO™ 是一个专为加速深度学习模型推理而设计的工具套件，它针对英特尔®硬件进行了优化，因此直接将 PyTorch 模型转换为 OpenVINO™ IR 格式可以充分利用英特尔®硬件加速，提高推理速度。
- **简化流程**：省去了将模型从 PyTorch 转换到其他中间格式（例如，ONNX），然后再转换为 OpenVINO™ IR 格式的步骤，简化了工作流程。
- **减少误差累积**：减少了模型转换的中间环节，避免了多次转换可能导致的精度损失。

在 PyTorch 2.×中使用 torch.compile 指定 OpenVINO™ 后端加速 PyTorch 模型的范例程序，如代码清单 5-1 所示。

代码清单 5-1　torch_openvino_backend.py

```python
# 导入所需库
import torch, time
import torchvision.models as models
import openvino.torch

# 加载 ResNet50 模型并使用预训练权重
model = models.resnet50(weights=models.ResNet50_Weights.DEFAULT)
# 创建一个随机输入张量以供推理使用
input = torch.rand([1,3,244,244])

# 不使用 OpenVINO 后端,运行 PyTorch 推理
start = time.time()
output = model(input)
# 计算执行时间
exec_time = time.time() - start
# 输出无 OpenVINO 后端的执行时间
print(f"未使用 OpenVINO 后端的执行时间:\t{exec_time:0.3f}s")

# 设置 OpenVINO 后端的配置选项
opts = {
    "device" : "GPU.1",                              # 指定设备为英特尔独立显卡
    "config" : {"PERFORMANCE_HINT" : "LATENCY"},     # 优化目标为延迟优先
    "model_caching" : True,                          # 启用模型缓存
    "cache_dir": "./model_cache"                     # 指定模型缓存的目录
}
# 指定 OpenVINO 为后端,使用 torch.compile()编译模型
model = torch.compile(model, backend="openvino", options=opts)

# 运行一次预热执行,以完成编译过程
output = model(input)

# 使用 OpenVINO 后端,再次运行 PyTorch 推理
start = time.time()
output = model(input)
# 计算执行时间
```

```
    exec_time = time.time() - start
    # 输出使用 OpenVINO 后端的执行时间
    print(f"使用 OpenVINO 后端的执行时间:\t{exec_time:0.3f}s")
```

运行结果如图 5-3 所示，可以看出，在 PyTorch 2.×中使用 torch.compile 指定 OpenVINO™后端，仅增加两行代码即可实现面向英特尔®硬件进行编译和部署 PyTorch 模型，并且有望在不牺牲模型准确性的前提下，实现更高效的推理计算性能。

```
(ov_book) D:\chapter_5>python torch_openvino_backend.py
未使用OpenVINO后端的执行时间:    0.125s
使用OpenVINO后端的执行时间:      0.012s
```

图 5-3　torch_openvino_backend.py 运行结果

更多在 torch.compile 中指定 OpenVINO™后端的使用指南请参见 https://docs.openvino.ai/nightly/openvino-workflow/torch-compile.html。

5.2　ONNX Runtime 的 OpenVINO™执行提供者

ONNX Runtime 是一个跨平台的机器学习推理与训练的加速器，简化了模型在不同平台间的迁移，还通过硬件优化显著提升了模型执行速度，是实现高性能、跨平台机器学习部署的理想工具。

ONNX Runtime 的核心优势在于其能够通过执行提供者（Execution Provider，EP）接口，集成针对特定硬件优化的库。ONNX Runtime 支持多种执行提供者，通过 onnxruntime.get_all_providers( ) 函数可以获得 ONNX Runtime 的执行提供者，如图 5-4 所示。

```
Python 3.11.5 | packaged by Anaconda, Inc. | (main, Sep 11 2023, 13:26:23) [MS
C v.1916 64 bit (AMD64)] on win32
Type "help", "copyright", "credits" or "license" for more information.
>>> import onnxruntime as ort
>>> ort.get_version_string()
'1.18.0'
>>> ort.get_all_providers()
['TensorrtExecutionProvider', 'CUDAExecutionProvider', 'MIGraphXExecutionProvi
der', 'ROCMExecutionProvider', 'OpenVINOExecutionProvider', 'DnnlExecutionProv
ider', 'TvmExecutionProvider', 'VitisAIExecutionProvider', 'QNNExecutionProvid
er', 'NnapiExecutionProvider', 'JsExecutionProvider', 'CoreMLExecutionProvider
', 'ArmNNExecutionProvider', 'ACLExecutionProvider', 'DmlExecutionProvider', '
RknpuExecutionProvider', 'WebNNExecutionProvider', 'XnnpackExecutionProvider',
 'CANNExecutionProvider', 'AzureExecutionProvider', 'CPUExecutionProvider']
```

图 5-4　查阅 ONNX Runtime 支持的执行提供者

OpenVINO™执行提供者是众多执行提供者中非常重要的一个，尤其是在 AIPC 时代。它给面向个人用户端的软件开发者提供丰富的 AI 部署选项：可以像 Zoom 一样直接使用 OpenVINO™，也能像其他 Windows AI 应用程序一样通过调用 ONNX Runtime 的 OpenVINO™执行提供者来获得英特尔硬件的 AI 加速能力，如图 5-5 所示。

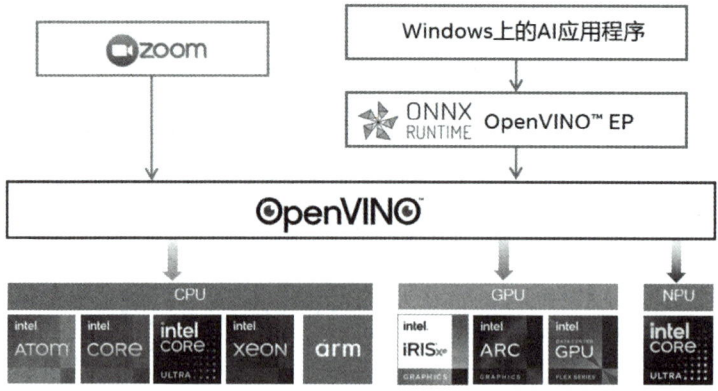

图 5-5　ONNX Runtime 的 OpenVINO™ 执行提供者

5.2.1　搭建 ONNX Runtime 开发环境

在使用 OpenVINO™ 执行提供者之前，请先安装 onnxruntime-openvino：

```
pip install onnxruntime-openvino
```

然后，配置 OpenVINO™ 环境变量，具体参见 https://onnxruntime.ai/docs/execution-providers/OpenVINO-ExecutionProvider.html。

5.2.2　OpenVINO™ 执行提供者范例程序

OpenVINO™ 执行提供者完整范例程序，请参见代码清单 5-2。

代码清单 5-2　openvino_execution_provider.py

```python
from ultralytics import YOLO
import torch, time
import onnxruntime as ort
# 设定推理设备为 CPU, 可根据实际情况改为 GPU 或 NPU
device ="CPU"
IMAGE_PATH =r".\coco_bike.jpg"

# 用 Ultralytics 工具包 API 实现 YOLOv8-seg 模型推理程序
seg_model = YOLO("yolov8n-seg.pt",task="segment")
seg_model(IMAGE_PATH)

# 使用 OpenVINO™ 执行提供者实现推理计算
# 指定 ONNX 模型路径,指定 OpenVINOExecutionProvider
so = ort.SessionOptions()
ovep_model = ort.InferenceSession("yolov8n-seg.onnx", so,
                    providers=["OpenVINOExecutionProvider"],
                    provider_options=[{"device_type" : device}])
input_names =ovep_model.get_inputs()[0].name
outputs =ovep_model.get_outputs()
```

```
output_names = list(map(lambda output:output.name, outputs))

# 用 onnxruntime 替代 YOLOv8-seg 的原生推理计算方法
def ovep_infer(*args):
    result =ovep_model.run(output_names, {input_names: args[0].numpy()})
    return torch.from_numpy(result[0]), torch.from_numpy(result[1])

seg_model.predictor.inference = ovep_infer
seg_model.predictor.model.pt = False

# 执行基于 ONNXRuntime OpenVINO™ 执行提供者的推理计算
# 复用 YOLOv8-seg 的原生前、后处理程序
seg_model(IMAGE_PATH, show=True)
# 让推理结果显示 6s
time.sleep(6)
```

openvino_execution_provider.py 的运行结果，如图 5-6 所示。

图 5-6　openvino_execution_provider.py 的运行结果

更多 ONNX Runtime 的 OpenVINO™ 执行提供者的用法请参见 https://onnxruntime.ai/docs/execution-providers/OpenVINO-ExecutionProvider.html。

5.3 Optimum Intel 的 OpenVINO™ 后端

Optimum Intel 是一个连接 Transformers 库和 Diffusers 库，以及英特尔提供的多种加速工具包（如 OpenVINO™）的工具包，如图 5-7 所示，用于加速 AI 模型在英特尔®硬件上的端到端流水线（end-to-end pipeline）的执行过程。

图 5-7　OpenVINO™ 与 Optimum Intel 的集成

Optimum Intel 的 GitHub 仓为 https://github.com/huggingface/optimum-intel。

本章将以使用 Optimum Intel 实现 Qwen2 模型的推理计算为例，详细介绍 Optimum Intel 工具的用法。请用下面的命令把 Qwen2-1.5B-Instruct 模型下载到本地待用。

```
git clone https://www.modelscope.cn/qwen/Qwen2-1.5B-Instruct.git
```

5.3.1 搭建开发环境

首先下载并安装 Anaconda，然后创建并激活名为 qwen2 的虚拟环境：

```
conda create -n qwen2 python=3.11         # 创建虚拟环境
conda activate qwen2                      # 激活虚拟环境
python -m pip install --upgrade pip       # 升级 pip 到最新版本
```

安装 Optimum Intel 及其依赖项 OpenVINO™ 与 NNCF。

```
pip install optimum-intel[openvino,nncf]
```

5.3.2 用 optimum-cli 对 Qwen2-1.5B-Instruct 模型进行 INT4 量化

optimum-cli 是 Optimum Intel 自带的跨平台命令行工具，可以不用编写量化代码，实现对 Qwen2-1.5B-Instruct 模型的量化。

要获得 optimum-cli 命令的参数说明，请执行命令：

```
optimum-cli export openvino -h
```

使用 optimum-cli 命令将 Qwen2-1.5B-Instruct 模型量化为 INT4 精度的模型，如图 5-8 所示。

```
 optimum-cli export openvino --model Qwen2-1.5B-Instruct --task text-generation-with-past --weight-format int4 --group-size 128 --ratio 0.8 qwen2-1.5b-instruct_int4
```

- export openvino：指明导出 OpenVINO™ IR 格式模型。
- --model：指定模型的路径。

- --task：指定模型导出时所针对的任务类型。需要注意的是，对于解码器类型的模型，若要利用解码器中的历史键值（Past Key Values）进行导出，应在任务名后加上"-with-past"，例如："text-generation-with-past"。
- --weight-format int4：意味着量化精度为 INT4。该参数支持 fp32、fp16、int8、int4、int4_sym_g128、int4_asym_g128、int4_sym_g64 和 int4_asym_g64。
- --group-size 128：意味着在量化过程中，把每 128 个连续的浮点数分为一组（组大小为 128），共享同一个量化尺度。
- --sym：使用对称量化方式。若不加该参数，则意味着使用非对称量化方式。
- --ratio 0.8：意味着 INT4 量化与 INT8 量化之间的比例为 0.8，模型中有 80% 的层会被量化为 INT4，而剩余 20% 的层则会被量化为 INT8。

```
(qwen2) D:\chapter_5>optimum-cli export openvino --model Qwen2-1.5B-Instruct --task text-generat
ion-with-past --weight-format int4 --group-size 128 --ratio 0.8 qwen2-1.5b-instruct_int4
Framework not specified. Using pt to export the model.
Special tokens have been added in the vocabulary, make sure the associated word embeddings are f
ine-tuned or trained.
Special tokens have been added in the vocabulary, make sure the associated word embeddings are f
ine-tuned or trained.
Special tokens have been added in the vocabulary, make sure the associated word embeddings are f
ine-tuned or trained.
Special tokens have been added in the vocabulary, make sure the associated word embeddings are f
ine-tuned or trained.
Using framework PyTorch: 2.3.1+cpu
Overriding 1 configuration item(s)
67: TracerWarning: Converting a tensor to a Python boolean might cause the trace to be incorrect
. We can't record the data flow of Python values, so this value will be treated as a constant in
 the future. This means that the trace might not generalize to other inputs!
  if attention_mask.size() != (bsz, 1, q_len, kv_seq_len):
Mixed-Precision assignment ━━━━━━━━━━━━━━━━━━━━━━━━━━━━━━━━━━━━━━━━ 100% 196/196 • 0:00:35 • 0:00:00
INFO:nncf:Statistics of the bitwidth distribution:
+--------------+------------------------+-----------------------------------+
| Num bits (N) | % all parameters (layers) | % ratio-defining parameters (layers) |
+==============+========================+===================================+
|       8      |      33% (95 / 197)    |           21% (94 / 196)          |
+--------------+------------------------+-----------------------------------+
|       4      |     67% (102 / 197)    |          79% (102 / 196)          |
+--------------+------------------------+-----------------------------------+
Applying Weight Compression ━━━━━━━━━━━━━━━━━━━━━━━━━━━━━━━━━━━━━━━ 100% 197/197 • 0:00:49 • 0:00:00
Replace `(?!\S)` pattern to `(?:$|[^\S])` in RegexSplit operation
```

图 5-8　量化 Qwen2-1.5B-Instruct 模型

5.3.3　编写推理程序 qwen2_optimum.py

为了使用 OpenVINO™ 运行时加载模型并进行推理计算，不必对原有的基于 Transformers pipeline（流水线）API 实现的推理代码进行大幅度修改，只需要将原本使用的 Transformers 库的 AutoModelFor*Xxx* 类替换为 Optimum Intel 库的 OVModelFor*Xxx* 类，如图 5-9 所示。

据此，为了编写 Qwen2-1.5B-Instruct 模型基于 OpenVINO™ 在英特尔®硬件上的推理程序，仅需要将 Transformers 库的 AutoModelForCausalLM 类替换为 Optimum Intel 库的 OVModelForCausalLM 类，便可使用 pipeline API 聚合预训练模型和对应的文本分词器，实现完整的推理程序，如代码清单 5-3 所示。

```python
- from transformers import AutoModelForCausalLM
+ from optimum.intel import OVModelForCausalLM
  from transformers import AutoTokenizer, pipeline

  model_id = "helenai/gpt2-ov"

- model = AutoModelForCausalLM.from_pretrained(model_id)
+ model = OVModelForCausalLM.from_pretrained(model_id)

  tokenizer = AutoTokenizer.from_pretrained(model_id)

  pipe = pipeline("text-generation", model=model, tokenizer=tokenizer)

  results = pipe("He's a dreadful magician and")
```

图 5-9 用 OVModelFor*Xxx* 类替换 AutoModelFor*Xxx* 类

代码清单 5-3　qwen2_optimum.py

```python
# 导入所需的库和模块
from transformers import AutoConfig, AutoTokenizer, pipeline
from optimum.intel.openvino import OVModelForCausalLM

# 设置 OpenVINO 编译模型的配置参数,这里优先考虑低延迟
config = {
    "PERFORMANCE_HINT": "LATENCY",          # 性能提示选择延迟优先
    "CACHE_DIR": ""                         # 模型缓存目录为空,使用默认位置
}

# 指定 Qwen2-1.5B-Instruct int4 模型的本地路径
model_dir = r"D:\chapter_5\qwen2-1.5b-instruct_int4"

# 设定推理设备为 CPU,可根据实际情况改为 GPU 或 AUTO
DEVICE = "CPU"

# 输入的问题示例,可以更改
question = "树上 7 只鸟,打死 1 只鸟,还剩几只鸟?"

# 使用 OpenVINO 优化过的模型进行加载,配置包括设备、性能提示及模型配置
ov_model = OVModelForCausalLM.from_pretrained(
    model_dir,
    device=DEVICE,
    ov_config=config,
    config=AutoConfig.from_pretrained(model_dir, trust_remote_code=True),
    trust_remote_code=True,
)

# 根据模型目录加载 tokenizer,并信任远程代码
tok = AutoTokenizer.from_pretrained(model_dir, trust_remote_code=True)
```

```
# 创建一个用于文本生成的 pipeline,指定模型、分词器以及最多生成的新 token 数
pipe = pipeline("text-generation", model=ov_model, tokenizer=tok, max_new_tokens=50)

# 使用 pipeline 对问题进行推理
results = pipe(question)
# 输出生成的文本结果
print(results[0]['generated_text'])
```

qwen2_optimum.py 的运行结果,如图 5-10 所示。

```
(llm) D:\chapter_5>python qwen2_optimum.py
The argument `trust_remote_code` is to be used along with export=
True. It will be ignored.
Compiling the model to CPU ...
Special tokens have been added in the vocabulary, make sure the a
ssociated word embeddings are fine-tuned or trained.
树上7只鸟,打死1只鸟,还剩几只鸟?下面说法正确的是(    )
A. 5
B. 6
C. 7

解:7-1=6(只)
答:还剩下6只鸟。
所以是: B。
```

图 5-10 qwen2_optimum.py 的运行结果

更多 Optimum Intel 的使用指南,请参见 https://huggingface.co/docs/optimum/main/en/intel/index。

5.4 LangChain 的 OpenVINO™ 后端

LangChain 是一个开源的大语言模型应用程序开发框架,该框架贯穿基于 LLM(大语言模型)应用的整个生命周期,简化了从开发到部署的每个阶段。

- 开发阶段:LangChain 提供了开源的构建模块、组件以及第三方集成,使得开发者能够轻松地构建应用。
- 生产化阶段:通过 LangSmith 工具,开发者可以检查、监控并评估自己构建的处理流程,持续优化其性能,完成必要的测试和调整。
- 部署阶段:LangGraph Cloud 允许开发者将他们开发的应用转化为可以直接用于生产的 API 和辅助工具。这意味着开发者可以将其应用部署为云服务,无须担心基础设施的搭建和维护,从而快速、便捷地将基于 LLM 的解决方案推向市场。

5.4.1 LangChain 支持 OpenVINO™ 后端

LangChain 支持 OpenVINO™ 后端,通过 langchain_huggingface.HuggingFacePipeline 类,在部署时指定参数 backend="openvino",这样能使用 OpenVINO™ 作为推理后端,加速模型的运行。

5.4.2 编写推理程序 qwen2_langchain.py

接下来展示如何基于 LangChain 框架指定 OpenVINO™ 为推理后端来部署 Qwen2 模型。

首先,搭建 LangChain 开发环境:

```
pip install --upgrade-strategy eager "optimum[openvino,nncf]" langchain-huggingface
```

然后,把 Qwen2-1.5B-Instruct 模型下载到本地待用:

```
git clone https://www.modelscope.cn/qwen/Qwen2-1.5B-Instruct.git
```

并用 optimum-cli 命令将 Qwen2-1.5B-Instruct 模型量化为 INT4 精度的模型:

```
optimum-cli export openvino --model Qwen2-1.5B-Instruct --task text-generation-with-past --weight-format int4 --group-size 128 --ratio 0.8 qwen2-1.5b-instruct_int4
```

最后,实例化 HuggingFacePipeline 类,并指定参数 backend="openvino"。完整推理代码,如代码清单 5-4 所示。

代码清单 5-4　qwen2_langchain.py

```python
# 导入 HuggingFacePipeline 类
from langchain_community.llms.huggingface_pipeline import HuggingFacePipeline

# 指定 Qwen2-1.5B-Instruct int4 模型的本地路径
model_dir = r"D:\chapter_5\qwen2-1.5b-instruct_int4"

# 设定推理设备为 CPU,可根据实际情况改为"GPU"或"AUTO"
DEVICE = "CPU"

# 设置 OpenVINO 编译模型的配置参数,这里优先考虑低延迟
ov_config = {"PERFORMANCE_HINT": "LATENCY", "NUM_STREAMS": "1", "CACHE_DIR": ""}

# 输入的问题示例,可以更改
question = "树上 7 只鸟,打死 1 只鸟,还剩几只鸟?"

# 实例化 HuggingFacePipeline 类,并指定参数 backend="openvino"
qwen2 = HuggingFacePipeline.from_model_id(
    model_id=str(model_dir),
    task="text-generation",
    backend="openvino",
    model_kwargs={
        "device": DEVICE,
        "ov_config": ov_config,
        "trust_remote_code": True,
    },
    pipeline_kwargs={"max_new_tokens": 100},
)
# 显示推理结果
print(qwen2.invoke(question))
```

qwen2_langchain.py 的运行结果，如图 5-11 所示。

```
(llm) D:\chapter_5>python qwen2_langchain.py
Special tokens have been added in the vocabulary, make sure the a
ssociated word embeddings are fine-tuned or trained.
The argument `trust_remote_code` is to be used along with export=
True. It will be ignored.
Compiling the model to CPU ...
树上7只鸟,打死1只鸟,还剩几只鸟?____

解:7-1=6(只)
答:还剩下6只。
答案确定是：6只。
```

图 5-11　qwen2_langchain.py 的运行结果

更多 LangChain 框架中 OpenVINO™ 后端的使用指南请参见 https：//python.langchain.com/v0.2/docs/integrations/llms/openvino。

5.5　vLLM 的 OpenVINO™ 后端

vLLM 是一个由加州大学伯克利分校开发的用于快速实现大语言模型推理和部署的开源框架，其优点如下。

- **高性能**：相关实验结果显示，相比目前最流行的 LLM 库 HuggingFace Transformers（HF），vLLM 能够提供高于它 24 倍的吞吐量提升。
- **易于使用**：vLLM 不需要对模型架构进行任何修改就能实现高性能的推理。
- **低成本**：vLLM 的出现使得大规模语言模型的部署变得更加经济实惠。

当前，vLLM 已支持 OpenVINO™ 后端：https：//docs.vllm.ai/en/stable/，如图 5-12 所示。

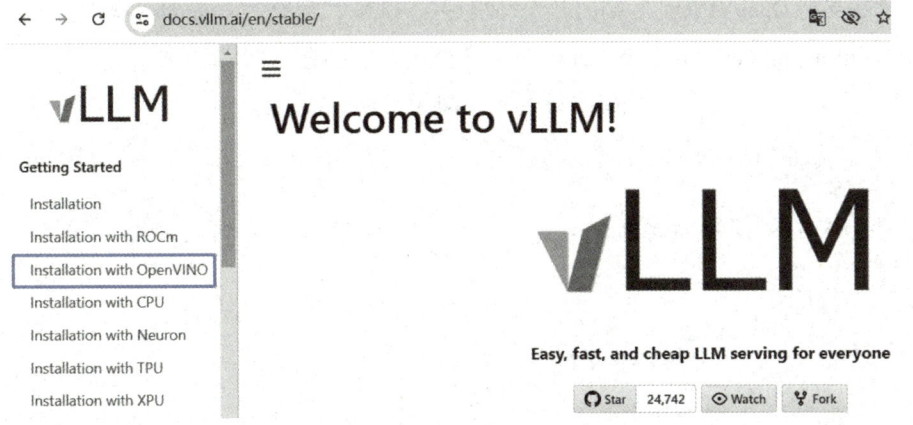

图 5-12　vLLM 的 OpenVINO™ 后端

5.5.1　搭建 OpenVINO™+vLLM 开发环境

当前 vLLM 仅支持 Linux 操作系统，本书推荐安装 Ubuntu 22.04 LTS 操作系统。若你的计算机上已经安装 Windows，则可以在 Windows 上使用 WSL 2 安装 Ubuntu 22.04 LTS，参见：

```
https://learn.microsoft.com/zh-cn/windows/wsl/install
```

安装好 Ubuntu 22.04 LTS 后，请先升级 apt 工具，然后安装 Python 3，接着建立并激活虚拟环境 vllm_ov，最后升级 pip 工具。

```
sudo apt-get update -y
sudo apt-get install python3
sudo apt install python3.10-venv
python3 -m venv vllm_ov
source vllm_ov/bin/activate
```

搭建好虚拟环境后，先将 vLLM 代码仓复制到本地，然后安装依赖项：

```
git clone https://github.com/vllm-project/vllm.git
cd vllm
pip install -r requirements-build.txt --extra-index-url https://download.pytorch.org/whl/cpu
```

最后，安装以 OpenVINO™ 为后端的 vLLM：

```
PIP_EXTRA_INDEX_URL="https://download.pytorch.org/whl/cpu
https://storage.openvinotoolkit.org/simple/wheels/pre-release"
VLLM_TARGET_DEVICE=openvino python -m pip install -v .
```

到此，OpenVINO™+vLLM 开发环境搭建完毕。最新的安装指南参见 https://docs.vllm.ai/en/stable/getting_started/openvino-installation.html。

5.5.2 vLLM 的范例程序

在搭建好支持 OpenVINO™ 后端的开发环境后，vLLM 代码仓的 examples 文件夹中会有许多范例程序，如 offline_inference.py，如代码清单 5-5 所示，直接运行即可。

代码清单 5-5 offline_inference.py

```
from vllm import LLM, SamplingParams

# 定义一系列待生成文本的提示语句
prompts = [
    "Hello, my name is",
    "The president of the United States is",
    "The capital of France is",
    "The future of AI is",
]
# 创建一个采样参数对象,用于控制文本生成过程中的随机性和多样性
sampling_params = SamplingParams(temperature=0.8, top_p=0.95)
# 创建一个语言模型实例,这里使用的是 Facebook 的 OPT-125M 模型
llm = LLM(model="facebook/opt-125m")
# 从提示语句中生成文本。输出是一系列 RequestOutput 对象,
# 每个对象都包含了原始提示、生成的文本以及其他相关信息
outputs = llm.generate(prompts, sampling_params)
```

```
# 输出生成的结果
for output in outputs:
    prompt = output.prompt    # 获取原始提示
    generated_text = output.outputs[0].text    # 获取生成的文本
    print(f"提示：{prompt!r}，生成的文本：{generated_text!r}")
```

5.6 OpenVINO™ C/C++ API

如第 1 章所述，OpenVINO™ Runtime（运行时）是一套主要用于深度学习模型推理部署的 C++ 库，原生提供 C++ API 支持；同时通过 C、Python 和 JavaScript 的适配接口（bindings）实现 OpenVINO™ C++库对其他编程环境的支持，提供 OpenVINO™ Runtime 的 C、Python 和 JavaScript API。

5.6.1 常用 OpenVINO™ C/C++ API

熟悉 OpenVINO™ Python API 后将非常有利于快速掌握常用的 OpenVINO™ C/C++ API，因为它们的方法或函数名非常近似，见表 5-1。

表 5-1 OpenVINO™ Python/C/C++ API

操作		代 码 实 现
导入 OpenVINO 库	Python	import openvino as ov
	C++	#include <openvino/openvino.hpp>
	C	#include <openvino/c/openvino.h>
初始化 Core 对象	Python	core = ov.Core()
	C++	ov::Core core;
	C	ov_core_t* core = NULL; ov_core_create(&core);
编译模型	Python	model = core.compile_model("model.xml", "AUTO")
	C++	ov::CompiledModel model = core.compile_model("model.xml", "AUTO");
	C	ov_compiled_model_t* model = NULL; ov_core_compile_model_from_file(core, "model.xml", "AUTO", 0, &model);
创建推理请求	Python	ir = model.create_infer_request()
	C++	ov::InferRequest ir = model.create_infer_request();
	C	ov_infer_request_t* ir = NULL; ov_compiled_model_create_infer_request(model, &ir);
设置输入张量	Python	ir.set_input_tensor(input_tensor)
	C++	ir.set_input_tensor(input_tensor);
	C	ov_infer_request_set_input_tensor(ir, input_tensor);

(续)

操作		代码实现
启动推理计算	Python	ir.start_async( ) ir.wait( )
	C++	ir.start_async( ); ir.wait( );
	C	ov_infer_request_start_async(ir); ov_infer_request_wait(ir);
处理推理结果	Python	output = ir.get_output_tensor( ) output_buffer = output.data
	C++	auto output = ir.get_tensor("tensor_name"); const float * output_buffer = output.data<const float>( );
	C	ov_tensor_t * output_tensor = NULL; ov_infer_request_get_output_tensor_by_index (ir, 0, &output_tensor);

5.6.2 搭建 OpenVINO™ C++开发环境

在 Windows 上搭建 OpenVINO™ C++开发环境，参见 https://github.com/openvino-book/openvino_handbook/blob/main/doc/Install_OpenVINO_CPlusPlus_Windows.md。

在 Linux 上搭建 OpenVINO™ C++开发环境，参见 https://github.com/openvino-book/openvino_handbook/blob/main/doc/Install_OpenVINO_CPlusPlus_Linux.md。

5.6.3 运行 OpenVINO™ C++范例程序

搭建好 Windows 上的 OpenVINO™ C++开发环境后，编写 YOLOv8 C++ OpenVINO™ 推理程序 yolov8.cpp，如代码清单 5-6 所示。

代码清单 5-6 yolov8.cpp

```cpp
// 步骤1:初始化 OpenVINO 运行时核心
ov::Core core;

// 步骤2:编译模型,可更换推理设备
auto compiled_model = core.compile_model("yolov8s.xml", "CPU");

// 步骤3:创建推理请求
ov::InferRequest infer_request = compiled_model.create_infer_request();

// 步骤4:读取图片文件并进行预处理
Mat img = cv::imread("coco.jpg");
// 保持宽高比放缩
Mat letterbox_img = letterbox(img);
float scale = letterbox_img.size[0] / 640.0;
```

```cpp
    Mat blob = blobFromImage(letterbox_img, 1.0 / 255.0, Size(640, 640), Scalar(), true);

    // 步骤5:将处理后的图像数据送入模型的输入节点
    auto input_port = compiled_model.input();
    ov::Tensor input_tensor(input_port.get_element_type(), input_port.get_shape(), blob.ptr(0));
    infer_request.set_input_tensor(input_tensor);

    // 步骤6:开始推理
    infer_request.infer();

    // 步骤7:获取推理结果
    auto output = infer_request.get_output_tensor(0);
    auto output_shape = output.get_shape();
    std::cout << "输出张量的形状:" << output_shape << std::endl;
    int rows = output_shape[2];        //8400
    int dimensions = output_shape[1];  //84: box[cx, cy, w, h]+80 classes scores

    // 步骤8:后处理,解析推理结果
    float* data = output.data<float>();
    Mat output_buffer(output_shape[1], output_shape[2], CV_32F, data);
    transpose(output_buffer, output_buffer);         // 转置矩阵以便访问
    float score_threshold = 0.25;
    float nms_threshold = 0.5;
    std::vector<int> class_ids;
    std::vector<float> class_scores;
    std::vector<Rect> boxes;

    // 提取边界框、类别ID和类别分数
    for (int i = 0; i < output_buffer.rows; i++) {
        Mat classes_scores = output_buffer.row(i).colRange(4, 84);
        Point class_id;
        double maxClassScore;
        minMaxLoc(classes_scores, 0, &maxClassScore, 0, &class_id);

        if (maxClassScore > score_threshold) {
            class_scores.push_back(maxClassScore);
            class_ids.push_back(class_id.x);
            float cx = output_buffer.at<float>(i, 0);
            float cy = output_buffer.at<float>(i, 1);
            float w = output_buffer.at<float>(i, 2);
            float h = output_buffer.at<float>(i, 3);

            int left = int((cx - 0.5 * w) * scale);
            int top = int((cy - 0.5 * h) * scale);
            int width = int(w * scale);
            int height = int(h * scale);
```

```
            boxes.push_back(Rect(left, top, width, height));
        }
    }
    // 非极大值抑制,去除重叠框
    std::vector<int> indices;
    NMSBoxes(boxes, class_scores, score_threshold, nms_threshold, indices);
```

运行 yolov8.cpp，结果如图 5-13 所示。注意本程序所使用的图片，请从 https://github.com/openvino-book/openvino_handbook/blob/main/chapter_2/coco.jpg 下载。

图 5-13　yolov8.cpp 运行结果

5.7　OpenVINO™ JavaScript API

从 OpenVINO™ 2024.0 开始，官方除了提供 Python/C/C++ API 以外，还新增了 JavaScript API。通过 OpenVINO™ JavaScript API，开发者可以非常方便地将 AI 能力嵌入到网页形式的应用中。

5.7.1　常用 OpenVINO™ JavaScript API

因为 OpenVINO™ JavaScript API 是基于 OpenVINO™ C/C++库的封装，让 JavaScript 代码可以调用原本由 C++ 编写的 OpenVINO™ 库中的函数和方法，所以 OpenVINO™ JavaScript 的常用 API 与 OpenVINO™ Python/C++ API 非常类似，见表 5-2。

表 5-2　OpenVINO™ Python/C++/JavaScript API

操作		代码实现
导入 OpenVINO 库	Python	import openvino as ov
	C++	#include <openvino/openvino.hpp>
	JavaScript	const {addon: ov} = require ('openvino-node');

(续)

操 作		代码实现
初始化 Core 对象	Python	core = ov.Core()
	C++	ov::Core core;
	JavaScript	const core = new ov.Core();
编译模型	Python	model = core.compile_model("model.xml", "AUTO")
	C++	ov::CompiledModel model = core.compile_model("model.xml", "AUTO");
	JavaScript	const compiledModel = await core.compileModel("model.xml", 'AUTO');
创建推理请求	Python	ir = model.create_infer_request()
	C++	ov::InferRequest ir = model.create_infer_request();
	JavaScript	const ir = compiledModel.createInferRequest();
设置输入张量	Python	ir.set_input_tensor(input_tensor)
	C++	ir.set_input_tensor(input_tensor);
	JavaScript	ir.setInputTensor(input_tensor);
启动推理计算	Python	ir.start_async() ir.wait()
	C++	ir.start_async(); ir.wait();
	JavaScript	ir.infer();
处理推理结果	Python	output = ir.get_output_tensor() output_buffer = output.data
	C++	auto output = ir.get_tensor("tensor_name"); const float * output_buffer = output.data<const float>();
	JavaScript	const output = ir.getTensor(outputLayer); const output_buffer = Array.from(output.data);

5.7.2 搭建 OpenVINO™ JavaScript 开发环境

搭建 OpenVINO™ JavaScript 开发环境包括：

- 安装 JavaScript 运行环境 Node.js；
- 安装 JavaScript 编辑器 Visual Studio Code；
- 安装 openvino-node。

1. 安装 JavaScript 运行环境 Node.js

Node.js 是一个开源的、跨平台的 JavaScript 运行环境，它允许开发者使用 JavaScript 编写服务器端的应用程序。Node.js 是基于 Chrome V8 JavaScript 引擎构建的，这使得它能够高效地处理大量的并发连接，并且保持非常高的性能。

可进入 Node.js 官网：https://nodejs.org/zh-cn，如图 5-14 所示，下载并安装它。注意，openvino-node 要求 Node.js 版本大于 20。

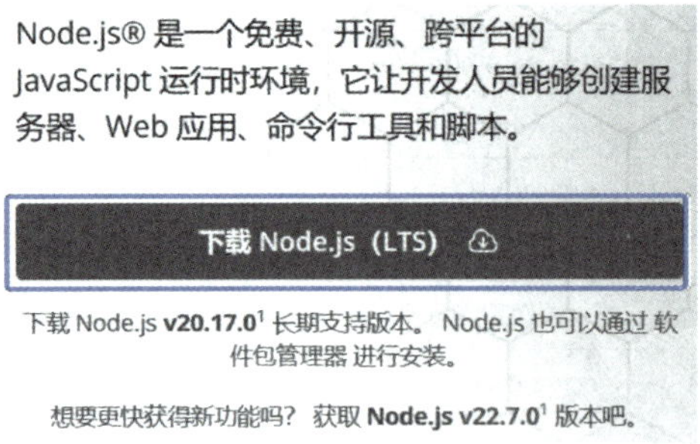

图 5-14　下载 Node.js

2. 安装 JavaScript 编辑器 Visual Studio Code

Visual Studio Code（简称“VS Code”）是一款开源、免费、界面美观且功能强大的代码编辑器，已成为 JavaScript 代码的主流编写工具。

可从 VS Code 官网：https://code.visualstudio.com/，下载并安装它。

先下载相关的范例代码到本地：

```
git clone https://github.com/txl1123/OpenVINO-JavaScript-API.git
```

然后，用 VS Code 的“File”菜单中的“Open Folder...”选项打开 OpenVINO-JavaScript-API。若能打开并浏览 yolov8s-cls.js，则说明 VS Code 安装成功。

3. 安装 openvino-node

openvino-node 是 OpenVINO™ JavaScript 库，在 Windows PowerShell 中用下面的命令安装它。

```
npm config set registry https://registry.npmmirror.com
npm install openvino-node
```

安装完毕后，编写测试脚本 test.js。

```
const {addon: ov } = require('openvino-node');
console.log(ov);
```

若运行过程如图 5-15 所示，则说明安装成功！

```
PS C:\Users\OV> npm config set registry https://registry.npmmirror.com
PS C:\Users\OV> npm install openvino-node

added 42 packages in 17s
PS C:\Users\OV> node .\test.js
{
  Model: [Function: ModelWrap],
  Core: [Function: Core],
  CompiledModel: [Function: CompiledModel],
  InferRequest: [Function: InferRequest],
  Tensor: [Function: TensorWrap],
  Output: [Function: Output],
  ConstOutput: [Function: ConstOutput],
  PartialShape: [Function: PartialShapeWrap]
}
PS C:\Users\OV>
```

图 5-15　安装 openvino-node

5.7.3 运行 OpenVINO™ JavaScript 范例程序

基于 YOLOv8 分类模型 YOLOv8s-cls 的 OpenVINO™ JavaScript API 完整范例程序如代码清单 5-7 所示，这段代码首先导入了必要的模块，然后定义了一个 main 函数，该函数执行以下操作。

1）初始化 OpenVINO 运行时核心。

2）读取模型文件。

3）读取和预处理输入图像。

4）创建输入张量。

5）将模型加载到 CPU 设备上。

6）创建推理请求并执行同步推理。

7）处理推理结果并输出分类结果。

代码清单 5-7　yolov8s-cls.js

```javascript
// 导入 OpenVINO 和 OpenCV 的 Node.js 模块
const { addon: ov } = require('openvino-node');

const { cv } = require('opencv-wasm');
const { getImageData, hwcToNchw } = require('./helper.js');
// 调用主函数并传入模型路径和图像路径
main('./model/yolov8s-cls.xml', './imgs/car.png');
async function main(modelPath, imagePath) {
    // ---------------- 步骤 1：初始化 OpenVINO 运行时核心 ----------------
    console.log('创建 OpenVINO 运行时核心');
    const core = new ov.Core();
    // ---------------- 步骤 2：读取模型 ----------------
    console.log(`读取模型：${modelPath}`);
    const model = await core.readModel(modelPath);
    // ---------------- 步骤 3：设置输入 ----------------
    // 读取输入图像
    const imgData = await getImageData(imagePath);
    // ---------------- 步骤 4：使用 opencv-wasm 对图像进行预处理 ----------------
    const originalImage = cv.matFromImageData(imgData);
    const image = new cv.Mat();
    // 模型期望的是 RGB 格式的图像
    cv.cvtColor(originalImage, image, cv.COLOR_RGBA2RGB);
    // 将图像调整为模型输入所需的尺寸
    cv.resize(image, image, new cv.Size(224, 224));
    const tensorData = new Float32Array(image.data);
    const data = hwcToNchw(tensorData, image.rows, image.cols, 3);
    // 创建输入张量
    const inputTensor = new ov.Tensor(ov.element.f32, Int32Array.from([1, 3, 224, 224]), data);
    // ---------------- 步骤 5：将模型加载到设备上 ----------------
    console.log('将模型加载到插件');
    const compiledModel = await core.compileModel(model, 'CPU');
```

```javascript
// ---------------- 步骤 6：创建推理请求并同步执行推理
console.log('开始同步模式下的推理');
const inferRequest = compiledModel.createInferRequest();
inferRequest.setInputTensor(inputTensor);
inferRequest.infer();
// ---------------- 步骤 7：处理输出 --------------------------------
const outputLayer = compiledModel.outputs[0];
const resultInfer = inferRequest.getTensor(outputLayer);
const resultIndex = resultInfer.data.indexOf(Math.max(...resultInfer.data));
console.log("=== 结果 ===");
console.log(`索引：${resultIndex}`);
// 将输出结果转换为数组，并按概率排序
const predictions = Array.from(resultInfer.data)
    .map((预测值, 类别ID) => ({ 预测值, 类别ID }))
    .sort(({ 预测值: predictionA }, { 预测值: predictionB }) =>
        predictionA === predictionB ? 0 : predictionA > predictionB ? -1 : 1);
// 加载类别名称映射
const imagenetData = require("./assets/datasets/yolov8-imagenet.json");
const classNameMap = imagenetData.names;
console.log(`图像路径：${imagePath}`);
console.log('前 10 个结果：');
console.log('类别 ID\t概率\t类别名称');
console.log('------------------------');
// 输出排名前 10 的概率结果
predictions.slice(0, 10).forEach(({ 类别ID, 预测值 }) =>
    console.log(`${类别ID}\t${预测值.toFixed(7)}\t${classNameMap[类别ID]}`),
);
}
```

要运行上述程序，首先复制相关范例到本地，然后安装 yolov8s-cls.js 的依赖软件包：

```
git clone https://github.com/txl1123/OpenVINO-JavaScript-API.git
cd OpenVINO-JavaScript-API
npm install cnpm -g --registry=https://registry.npmmirror.com
cnpm install
```

最后输入下列命令，运行 yolov8s-cls.js，结果如图 5-16 所示。

```
node yolov8s-cls.js
```

```
PS D:\OpenVINO-JavaScript-API> node .\yolov8s-cls.js
Creating OpenVINO Runtime Core
Reading the model: ../model/yolov8s-cls.xml
Loading the model to the plugin
Starting inference in synchronous mode
=== Result ===
Index: 111
Image path: ./imgs/car.png
Top 10 results:
class_id probability
--------------------
111      0.2763666       flatworm
562      0.0623881       forklift
971      0.0603643       alp
818      0.0573291       sports_car
107      0.0451881       wombat
920      0.0232116       street_sign
819      0.0227097       spotlight
409      0.0154909       amphibian
688      0.0130866       organ
815      0.0129816       speedboat
PS D:\OpenVINO-JavaScript-API>
```

图 5-16 yolov8s-cls.js 运行结果

5.8 OpenVINO™ C# API

OpenVINO™ C# API 是一个 OpenVINO™ 的 .NET wrapper，基于最新的 OpenVINO™ Runtime 库开发，通过底层调用官方的 OpenVINO™ C API 实现 .NET 对 OpenVINO™ Runtime 库的调用，使用习惯与 OpenVINO™ C++ API 一致，如图 5-17 所示。

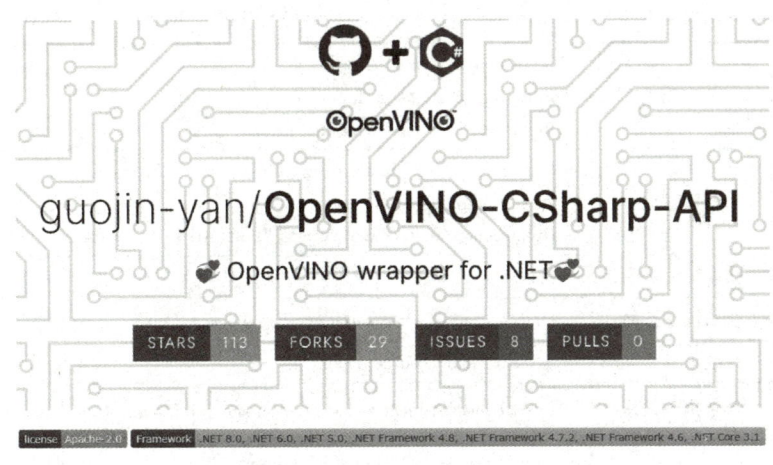

图 5-17　OpenVINO™ C# API

由于 OpenVINO™ C# API 是基于 OpenVINO™ Runtime 开发的，因此其所支持的硬件平台以及模型与 OpenVINO™ 完全一致。通过使用 OpenVINO™ C# API，可以在 .NET Framework 等框架下使用 C# 语言方便快捷地开发深度学习应用程序，并实现针对英特尔®硬件的推理计算加速。

OpenVINO™ C# API 完全开源，GitHub 代码仓为：https://github.com/guojin-yan/OpenVINO-CSharp-API。

5.8.1　常用 OpenVINO™ C# API

为了方便读者在 C# 中进行应用，首先，介绍一下程序集中所使用的命名空间，见表 5-3。

表 5-3　OpenVINO™ C# API 的命名空间

命名空间	介绍
OpenVinoSharp	基础程序集命名空间，在模型推理时常用的一些类都在该命名空间下，如 Core、Model、CompiledModel、InferRequest、Tensor、Shape、PartialShape、Input、Output 等
OpenVinoSharp.preprocess	预处理程序集命名空间，包含了模型预处理的一些操作类，如 PrePostProcessor、PreProcessSteps、InputInfo、InputModelInfo、InputTensorInfo 等

接着，介绍一下在推理计算实现中经常使用的一些类与方法，见表 5-4。

表 5-4　实现推理计算时常用的类与方法

类	操 作	方 法
Core	初始化	Core core = new Core();
	读取模型	Model model = core.read_model("yolov8s");
	编译模型	CompiledModel compiled = core.compile_model(model, "GPU");
	获取可用设备	List<string> devices = get_available_devices();
	获取设备参数	string property = get_property("GPU.0", PropertyKey.CACHE_DIR);
Model	获取输入	Input input0 = model.Input(); Input input0 = model.Input(0); Input input0 = model.Input("input0");
	获取输出	Output output0 = model.Output(); Output output0 = model.Output(0); Output output0 = model.Output("output0");
	获取输入数量	ulong input_size = model.get_inputs_size();
	获取输出数量	ulong output_size = model.get_outputs_size();
	修改节点形状	model.reshape(partial_shape);
CompiledModel	创建推理请求	InferRequest request = compiled.create_infer_request();

InferRequest	设置张量	request.set_tensor("input0", tensor);
		request.set_input_tensor(tensor);
		request.set_output_tensor(tensor);

	获取张量	Tensor tensor = request.get_tensor("input0"); Tensor tensor = request.get_input_tensor(); Tensor tensor = request.get_output_tensor();
	开始同步推理 取消同步推理	request.infer(); request.cancel();
	开始异步推理 等待异步推理	request.start_async(); request.wait();

5.8.2　搭建 OpenVINO™ C#开发环境

为了方便开发者使用，OpenVINO™ C# API 提供了 NuGet Package，可以通过 NuGet 管理工具直接进行安装。目前已经发布了核心程序集 NuGet Package 以及多个平台 Runtime NuGet Package，见表 5-5。

表 5-5　常用的 NuGet Package 信息

Package ID	描　　述
OpenVINO.CSharp.API	OpenVINO C# API 核心程序集
OpenVINO.runtime.win	Windows x64 平台的 OpenVINO™ Runtime

(续)

Package ID	描　　述
OpenVINO.runtime.ubuntu.22-x86_64	Ubuntn 22 x64 平台的 OpenVINO™ Runtime
OpenVINO.runtime.ubuntu.20-x86_64	Ubuntn 20 x64 平台的 OpenVINO™ Runtime
OpenVINO.runtime.ubuntu.18-x86_64	Ubuntn 18 x64 平台的 OpenVINO™ Runtime
OpenVINO.runtime.macos-arm64	macOS ARM64 平台的 OpenVINO™ Runtime

在 Windows 上搭建 OpenVINO™ C#开发环境，参见 https://github.com/openvino-book/openvino_handbook/blob/main/doc/Install_OpenVINO_CSharp_Windows.md。

在 Linux 上搭建 OpenVINO™ C#开发环境，参见 https://github.com/openvino-book/openvino_handbook/blob/main/doc/Install_OpenVINO_CSharp_Linux.md。

在 macOS 上搭建 OpenVINO™ C#开发环境，参见 https://github.com/openvino-book/openvino_handbook/blob/main/doc/Install_OpenVINO_CSharp_MacOS.md。

5.8.3　运行 OpenVINO™ C#范例程序

下面展示如何使用 OpenVINO™ C# API 实现 YOLOv8 模型的推理计算程序，如代码清单 5-8 所示。

代码清单 5-8　yolov8.cs

```csharp
// 引用 OpenCVSharp 的深度学习、基础功能，OpenVinoSharp 的扩展处理、结果处理，
// 以及 OpenVinoSharp 主库命名空间
using OpenCvSharp.Dnn;
using OpenCvSharp;
using OpenVinoSharp.Extensions.process;
using OpenVinoSharp.Extensions.result;
using OpenVinoSharp;

// 定义 yolov8_det 命名空间下的程序类
namespace yolov8_det
{
    // 内部类 Program,程序入口点
    internal class Program
    {
        // 主函数,程序执行起点
        static void Main(string[] args)
        {
            // 定义视频文件路径和模型文件路径
            string video_path = "E:\\ModelData\\image\\bus.jpg";
            string model_path = "E:\\Model\\yolo\\yolov8s.onnx";

            // 初始化 OpenVINO 核心对象
            Core core = new Core();
            // 读取模型
            Model model = core.read_model(model_path);
```

```csharp
// 编译模型以在 CPU 上运行
CompiledModel compiled_model = core.compile_model(model, "CPU");
// 创建推理请求对象
InferRequest request = compiled_model.create_infer_request();

// 读取图像
Mat img = Cv2.ImRead(video_path);
// 初始化放缩因子
float factor = 0.0f;
// 图像预处理,输出预处理后的数据和放缩因子
float[] input_data = preprocess(img, out factor);
// 将预处理后的数据送入推理请求的输入张量
request.get_input_tensor().set_data(input_data);

// 执行模型推理
request.infer();
// 获取推理结果
float[] output_data = request.get_output_tensor().get_data<float>(8400 * 84);
// 后处理推理结果,得到检测结果
DetResult result = postprocess(output_data, factor);
// 将检测结果显示在原图上
Mat res_mat = Visualize.draw_det_result(result, img);
// 显示结果图像
Cv2.ImShow("Result", res_mat);
// 等待按键事件,窗口关闭条件
Cv2.WaitKey(0);
}

// 图像预处理方法,包括颜色空间转换、调整尺寸、归一化和维度排列
public static float[] preprocess(Mat img, out float factor)
{
    Mat mat = new Mat();
    // 将 BGR 图像转换为 RGB 图像
    Cv2.CvtColor(img, mat, ColorConversionCodes.BGR2RGB);
    // 调整图像尺寸并记录放缩因子
    mat = Resize.letterbox_img(mat, 640, out factor);
    // 数据归一化
    mat = Normalize.run(mat, true);
    // 改变数组维度顺序以匹配模型输入要求
    return Permute.run(mat);
}

// 推理后处理方法,筛选、非极大值抑制(NMS)并组织检测结果
public staticDetResult postprocess(float[] result, float factor)
{
    // 初始化边界框、类别 ID 和置信度列表
    List<Rect> positionBoxes = new List<Rect>();
    List<int> classIds = new List<int>();
    List<float> confidences = new List<float>();
```

```csharp
// 遍历输出结果,提取有效检测框
for (int i = 0; i < 8400; i++)
{
    for (int j = 4; j < 84; j++)
    {
        float source = result[8400 * j + i];
        int label = j - 4;
        // 如果该预测的得分大于阈值
        if (source > 0.2)
        {
            float maxSource = source;
            float cx = result[8400 * 0 + i];        // 中心 x 坐标
            float cy = result[8400 * 1 + i];        // 中心 y 坐标
            float ow = result[8400 * 2 + i];        // 预测宽度
            float oh = result[8400 * 3 + i];        // 预测高度
            // 计算实际边界框位置
            int x = (int)((cx - 0.5 * ow) * factor);
            int y = (int)((cy - 0.5 * oh) * factor);
            int width = (int)(ow * factor);
            int height = (int)(oh * factor);
            Rect box = new Rect(x, y, width, height);
            // 保存有效检测框、类别和置信度
            positionBoxes.Add(box);
            classIds.Add(label);
            confidences.Add(maxSource);
        }
    }
}
// 创建 DetResult 实例用于存储最终检测结果
DetResult re = new DetResult();
// 申请一个索引数组用于 NMS 处理后的有效框
int[] indexes = new int[positionBoxes.Count];
// 应用非极大值抑制,筛选重叠框
CvDnn.NMSBoxes(positionBoxes, confidences, 0.2f, 0.5f, out indexes);
// 根据 NMS 结果组装最终的 DetResult 对象
for (int i = 0; i < indexes.Length; i++)
{
    int index = indexes[i];
    re.add(classIds[index], confidences[index], positionBoxes[index]);
}
// 返回处理后的检测结果
return re;
```

运行上述代码后,输出结果如图 5-18 所示。

图 5-18　yolov8.cs 运行结果

5.9　OpenVINO™ Java API

OpenVINO™ Java API，如图 5-19 所示，是一个基于 Java 平台实现 OpenVINO™ 的 Java 版本类库，通过 JNA 方式调用官方的 OpenVINO™ C API 来实现使用 Java 编程语言对 OpenVINO™ Runtime 库的调用。

图 5-19　OpenVINO™ Java API

开发此项目是为了让 Java 开发者能够基于 OpenVINO™ Java API 方便地实现 AI 应用程序开发。本项目所有代码已开源：https://github.com/Hmm466/OpenVINO-Java-API。

因为 OpenVINO™ Java API 是通过 JNA 方式调用官方的 OpenVINO™ C API 来实现基于 OpenVINO™ Runtime 的推理计算的，所以本项目所支持的硬件平台和 AI 模型均与 OpenVINO™ 完全一致。

5.9.1 常用 OpenVINO™ Java API

为了方便读者在 Java 中进行应用，介绍一下 OpenVINO™ Java API 中一些常用的接口。首先，介绍一下 API 所使用的包名映射关系，见表 5-6。

表 5-6 包名映射关系

包	说　　明
org.openvino.java	OpenVINO 的标准类，主要用于加载 OpenVINO dll 或设置 OpenCV 库所在位置。如 OpenVINO.load()、OpenVINO.getCore() 等
org.openvino.java.core	预处理程序，包含模型预处理的一些操作类，如 Core、InferRequest、Input、Layout、Tensor 等
org.openvino.java.domain	实体类，这里存放的是 C 代码中的结构体对应在 Java 中的类转换。如 OvVersion、OvShape 等

接着，介绍一下在推理计算实现中经常使用的一些类与方法，见表 5-7。

表 5-7 实现推理计算时常用的类与方法

类	方　法	说　　明	范　　例
OpenVINO	load()	用于加载 OpenVINO 的库文件，如 dll、so 等	OpenVINO.load(); OpenVINO.load("OpenVINORuntime");
	getVersion()	获取当前 OpenVINO™ Runtime 版本	OpenVINO.getVersion();
	loadCvDll()	加载 OpenCV 的 dll，因为库里面没有带 OpenCV 的 dll，所以需要自行下载	OpenVINO.loadCvDll("OpenCV");
Core	getCore()	获取 OpenVINO 核心的 Core	Core core = OpenVINO.getCore();
	readModel()	用于读取模型	Model model = core.readModel("m.xml");
	input()	获取输入	Input input0 = model.input(); Input input0 = model.input(0); Input input0 = model.input("input0");
Model	output()	获取输出	Output output0 = model.output(); Output output0 = model.output(0); Output output0 = model.output("output0");
	getInputsSize()	获取输入数量	longinputSize = model.getInputsSize();
	getOutputsSize()	获取输出数量	longoutputSize = model.getOutputsSize();
	reshape()	修改节点形状	model.reshape(partialShape);
	createInferRequest()	创建推理请求	InferRequest ir = compiled.createInferRequest();

(续)

类	方 法	说 明	范 例

CompiledModel	set( )/get( )	设置张量	ir.setTensor("input0", tensor);
			ir.setInputTensor(tensor);
			ir.setOutputTensor(tensor);

InferRequest	infer( )	获取张量	Tensor tensor = ir.getTensor("input0"); Tensor tensor = ir.getInputTensor(); Tensor tensor = ir.getOutputTensor();
		开始同步推理	ir.infer( );
	cancel( )	取消同步推理	ir.cancel( );
	startAsync( )	开始异步推理	ir.startAsync( );
	startWait( )	等待异步推理	ir.startWait( );

5.9.2 搭建 OpenVINO™ Java 开发环境

因为 OpenVINO™ Java API 目前版本没有上线到 Maven 中央仓库，所以必须手动下载并编译后安装到本地仓库，或者上传到内部私有 Maven 仓库中，仓库引用：

```xml
<dependencies>
    <dependency>
        <groupId>org.openvino</groupId>
        <artifactId>java-api</artifactId>
        <version>1.0-SNAPSHOT</version>
    </dependency>
</dependencies>
```

在 Windows、Linux、macOS 上的详细安装步骤，参考下面的文章。
- 在 Windows 上搭建 OpenVINO™ Java 开发环境，参见 https://github.com/openvino-book/openvino_handbook/blob/main/doc/Install_OpenVINO_Java_Windows.md。
- 在 Linux 上搭建 OpenVINO™ Java 开发环境，参见 https://github.com/openvino-book/openvino_handbook/blob/main/doc/Install_OpenVINO_Java_Linux.md。
- 在 macOS 上搭建 OpenVINO™ Java 开发环境，参见 https://github.com/Hmm466/OpenVINO-Java-API/blob/main/docs/cn/mac_install.md。

5.9.3 运行 OpenVINO™ Java 范例程序

使用 OpenVINO™ Java API 实现的范例程序 YoloV8Test.java，可以在 OpenVINO-Java-API 代码仓（https://github.com/Hmm466/OpenVINO-Java-API.git）的 src/test/java/org/openvino/java/test/ 文件夹中获取。

运行 YoloV8Test.java，结果如图 5-20 所示。

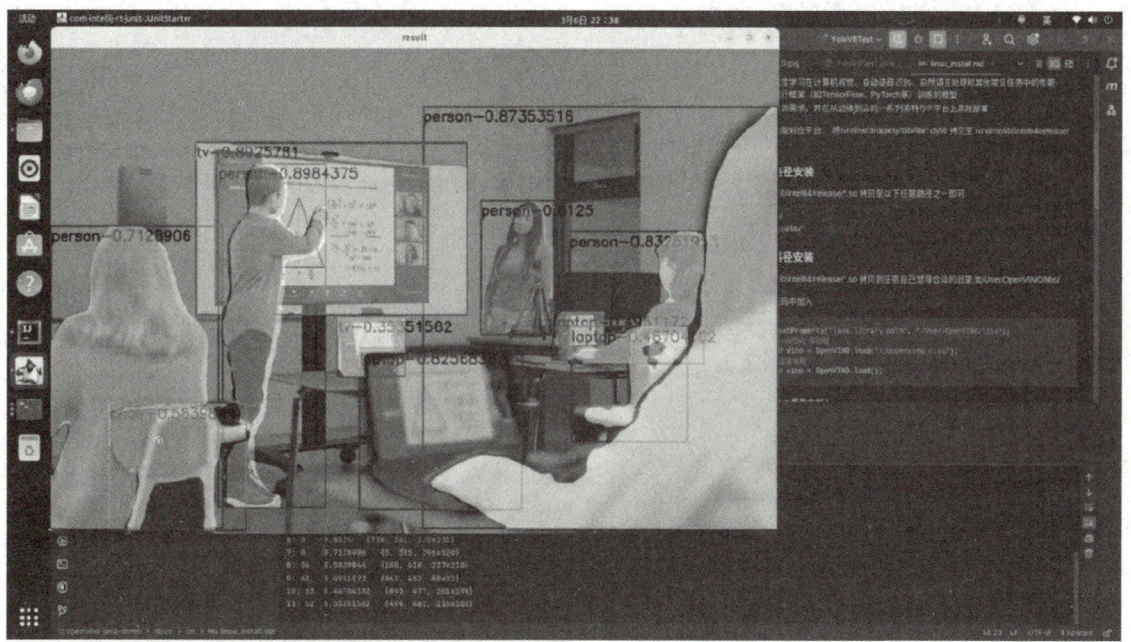

图 5-20　YoloV8Test.java 运行结果

5.10　OpenVINO™ LabVIEW API

AI Vision Toolkit for OpenVINO™（以下简称 AIVT-OV），如图 5-21 所示，它是由 VIRobotics 为 LabVIEW 编程环境开发的 AI 视觉工具包，旨在帮助 LabVIEW 开发者充分利用 OpenVINO™ 的 AI 优化和推理计算能力。

图 5-21　OpenVINO™ LabVIEW API

该工具包提供高级别的 LabVIEW API，使开发者能够快速构建、配置和部署深度学习模型，加速基于 LabVIEW+OpenVINO™ 的 AI 解决方案落地。

本项目的开源代码仓：https://github.com/VIRobotics。

5.10.1　常用 OpenVINO™ LabVIEW API

常用的 OpenVINO™ LabVIEW API 的 VI 名和功能介绍，见表 5-8。

表 5-8　常用的 OpenVINO™ LabVIEW API

VI 名及视图	功 能 介 绍
OV_Create_session_from_IR.vi	该 VI 从中间表示（IR）文件创建 OpenVINO™ 推理会话，其中包括定义模型结构的 XML 文件和包含权重的 BIN 文件。如果将编译输入设置为 true，则可以直接编译会话
OV_Get_Input_shape.vi	该 VI 从 OpenVINO™ 模型会话中检索指定输入张量的当前形状。此功能对理解模型推理的预期输入维度非常重要
OV_Compile.vi	该 VI 编译了一个模型，用于在 OpenVINO™ 环境中的指定设备上进行推理。它将 OpenVINO™ 会话（包括模型和核心定义）转换为可供推理的编译模型
OV_Get_Output_Names.vi	这个 VI 获取 OpenVINO™ 推理会话中可用的所有输出张量的名称。这些信息对识别和访问推理结果的特定输出至关重要
OV_Get_Output_Shape.vi	此 VI 检索 OpenVINO™ 推理会话的指定输出张量的形状。形状信息对理解输出数据的维度至关重要
OV_Get_Result_shape.vi	该 VI 从 OpenVINO™ 推理会话的指定输出张量中检索数据的形状。它可用于动态处理不同维度的数据
OV_Release.vi	此 VI 用于释放与 OpenVINO™ 推理会话相关联的资源。调用这个 VI 以正确清理资源并避免使用 OpenVINO™ 进行推理的应用程序中的内存泄漏
OV_Run_Infer.vi	此 VI 使用 OpenVINO™ 推理会话执行推理。它使用当前设置的输入数据执行模型，并产生相应的输出

OpenVINO™ LabVIEW API 文档将保持持续更新的状态，可以访问 https://doc.virobotics.net/zh_cn/ai_toolkit_for_ov/ 以获取最新消息。

5.10.2　搭建 OpenVINO™ LabVIEW 开发环境

为了方便开发者使用，OpenVINO™ LabVIEW API 提供了一键式安装包，可以通过 VIPM 管理工具进行安装，如图 5-22 所示，详细步骤请参见：https://github.com/openvino-book/openvino_

handbook/blob/main/doc/Install_OpenVINO_LabVIEW_Windows.md。

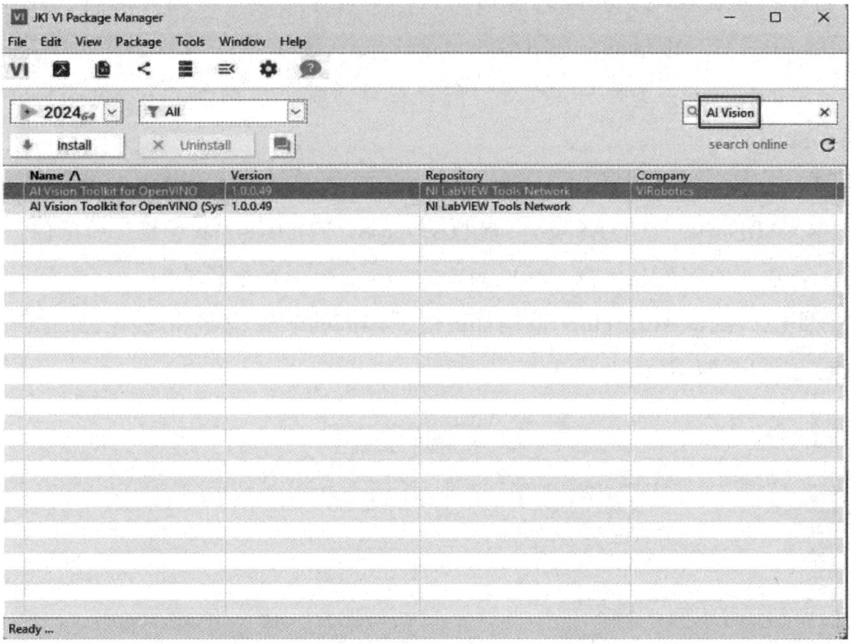

图 5-22　使用 VIPM 查找并安装 OpenVINO^{TM} LabVIEW API

5.10.3　运行 OpenVINO^{TM} LabVIEW 范例程序

OpenVINO^{TM} LabVIEW API 范例可以在 LabVIEW 安装路径\examples\VIRobotics\AI Vision\中找到；也可以在 LabVIEW 的"Help"菜单中找到，具体路径为：Help→Find Examples...→Directory Structure→VIRobotics→AI Vision，如图 5-23 所示。

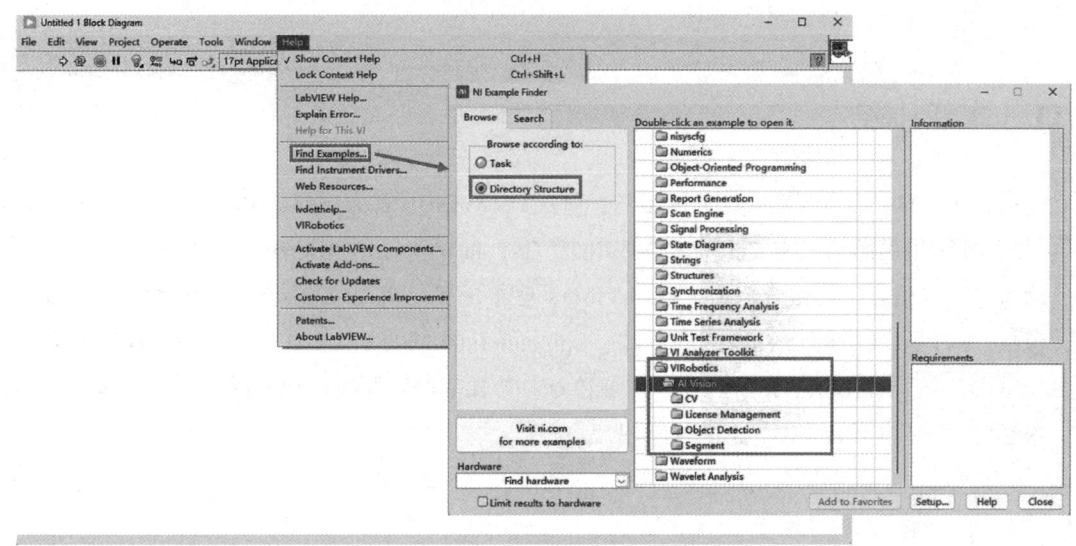

图 5-23　范例查找

这些范例主要分为以下四部分内容。

- CV：包含一些传统视觉处理内容的范例，如边缘检测、形态学操作、滤波等。例如，Edge Detection.vi、Morphological Operations.vi。
- License Management：主要用于部署时的一些激活范例。例如，Activate License.vi、Check License Status.vi。
- Object Detection：主要是 YOLO 系列的目标检测范例，包括 YOLOv5、YOLOv6、YOLOv7、YOLOv8、YOLOv9、YOLOv8-seg、YOLOv8-pose、YOLOv8-obb 等模型的范例。
- Segment：包含 DeepLabv3/DeepLabv3+ 和 yiku-seg 的一些分割范例。

OpenVINO™ LabVIEW API 的每个范例都提供了详细的步骤说明和注释，帮助开发者理解和应用这些功能，如图 5-24 所示。

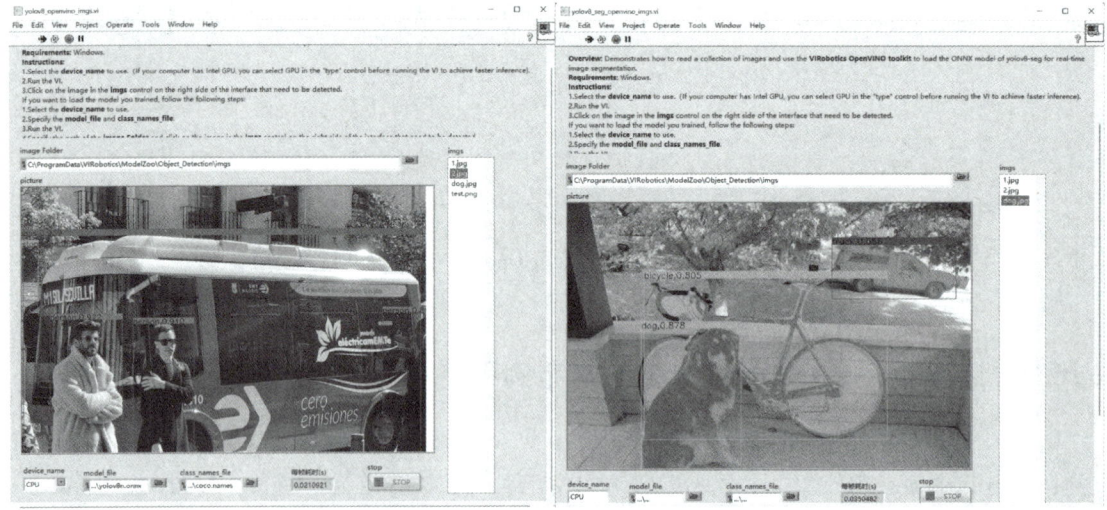

图 5-24　OpenVINO™ LabVIEW 范例

5.11　本章小结

OpenVINO™ 有一个不断发展迭代的生态，包括 OpenVINO™ 官方支持的 Python/C/C++/JavaScript API，以及社区提供的第三方支持的 OpenVINO™ C#、Java 和 LabVIEW API。

除了与开发语言生态结合以外，OpenVINO™ 也集成到一些知名框架中，成为推理加速的后端，包括：PyTorch 2.×的 OpenVINO™ 后端、Optimum Intel 的 OpenVINO™ 后端、LangChain 框架的 OpenVINO™ 后端、vLLM 的 OpenVINO™ 后端和 ONNX Runtime 的 OpenVINO™ 执行提供者。

繁荣的生态让 OpenVINO™ 越来越好用。

第 6 章
无监督异常检测库 Anomalib

基于监督式学习的方法需要依赖充足的标注好的异常样本,这样才能实现令人满意的异常检测结果。然而,如果在数据集中缺乏异常类别的代表性样本,检测结果就不会令人满意;另外,在产业实践中,还有缺陷可以呈现多种形态的情况,这更增加了应用监督式学习解决异常检测问题的难度。

本章将介绍一种高效解决异常检测问题的方法:几乎不需要标注数据的无监督异常检测。无监督异常检测在训练阶段仅依赖正常样本,通过对比所学的正常数据分布来识别异常情况。

Anomalib 是一个在产业界广泛使用的开源无监督异常检测算法库,它提供了多种先进的异常检测算法,可以根据具体的应用场景和项目需求进行选择。本章将详细介绍 Anomalib 的相关内容。

阅读本章前,请先复制本书的范例代码仓到本地:

```
git clone https://github.com/openvino-book/openvino_handbook.git
```

6.1 为什么要使用无监督异常检测

质量控制和质量保证是任何企业保持卓越声誉、提升客户体验的关键环节。例如,在制造业中,通过检测生产线上的异常情况,企业可以确保只有优质的产品才能够出厂;而在医疗行业,通过医学成像及早发现异常有助于医生对患者进行准确诊断。在这些应用场景中,任何差错都会导致严重后果。因此,许多行业开始告别易受主观因素影响而出错的人工检查,转而采用日益先进的计算机视觉和深度学习技术,实现自动化异常检测,实施自动化异常检测。

为了真正增强质量控制和质量保证,人工智能算法必须利用**数据量丰富且平衡的标注数据集**。尽管目前有大量的良好数据样本,但在某些情况下,这些数据仍不足以帮助工业和医疗等行业做出准确与有效的预测。此外,随着大规模制造和工业自动化的发展,产能的提升使得质检人员越来越难以应对数量庞大的产品。

当前产业界实现异常检测的一种方法是在有充足标注的异常样本基础上,使用监督学习来获得满足产业要求的检测结果。然而,难以收集异常类别的样本恰恰是产业实践中应用监督学习算法的最大挑战之一。

为应对上述挑战，无监督异常检测算法被引入产业界，该算法无须带标注的异常样本，仅需要少量正常样本即可快速实现 AI 二分类（良品与不良品，正常与异常等）应用。如图 6-1 所示，Anomalib 则是集成了当下先进的无监督异常检测算法的开源且商用免费的工具包。

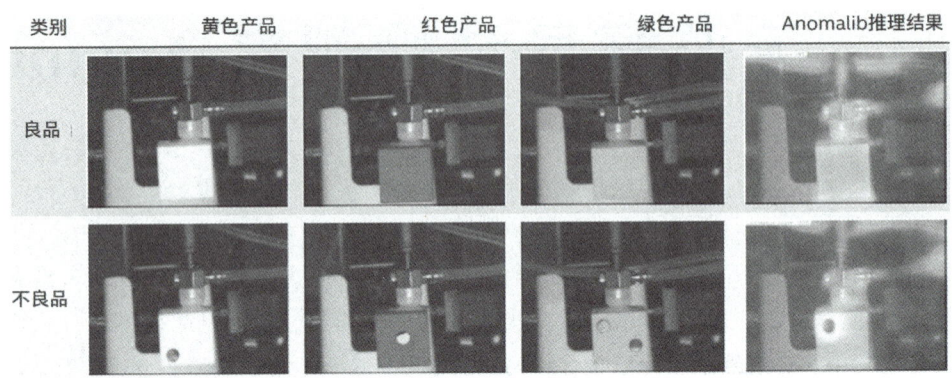

图 6-1　使用无监督异常检测算法实现 AI 二分类

6.2　Anomalib 概述

Anomalib 是一个针对从数据收集到部署的开源无监督异常检测库，如图 6-2 所示。Anomalib 一直在持续更新无监督异常检测算法，读者可以通过其 GitHub 仓库（https://github.com/openvinotoolkit/anomalib）持续关注它的发展。

图 6-2　Anomalib 库

Anomalib 提供了多种现成可用的异常检测算法实现，这些算法均基于最新的研究成果，并在相关文献中有详细的描述。此外，Anomalib 还配备了一套工具，便于开发者实现自定义模型。该库特别注重基于图像的异常检测，其算法旨在识别数据集中的异常图像或图像内的异常像素区域。

在 AI 视觉工业质检领域，Anomalib 得到了广泛应用，特别是在工业质量控制中，它能够有效提升检测效率和准确性。

6.2.1　Anomalib 支持的视觉任务

当前，Anomalib 支持以下几种视觉任务。

- 分类：能够区分正常图像和异常图像。它能够完成视觉分类任务，判断整张图像是属于正常类别还是异常类别。
- 检测：通过对图像中的每个像素或区域进行分析，能够识别并定位图像中的异常部分。它能够在输入图像上检测到异常区域，并以矩形框的形式将其标记出来。
- 分割：能够进行像素级细粒度的异常检测，识别并分割出图像中的异常像素区域。

6.2.2 Anomalib 适用的数据类型

Anomalib 适用于多种数据类型和应用场景，具有很高的适用性和灵活性。它支持的领域如下。

- 二维图像：支持对静态的二维图像进行异常检测，无论是自然图像（如食物、药片）还是人工物体（如电路板），都能进行精准的异常识别。
- 三维图像：支持三维数据的异常检测，可以处理诸如三维扫描图像中的异常识别，这在产品制造或医学成像等领域尤为重要。
- 视频：支持分析视频数据，识别视频帧中的异常事件或行为，这在安防监控或行为分析等领域特别有用。

6.3 Anomalib 的关键组件

Anomalib 库不仅提供 13 种无监督异常检测的算法，还提供命令行工具和相关功能模块来实现这些算法的训练、评估、推理计算、基准测试与超参数优化，以及基于 OpenVINO™ 的部署，如图 6-3 所示，对于这些关键组件，本节将依次介绍。

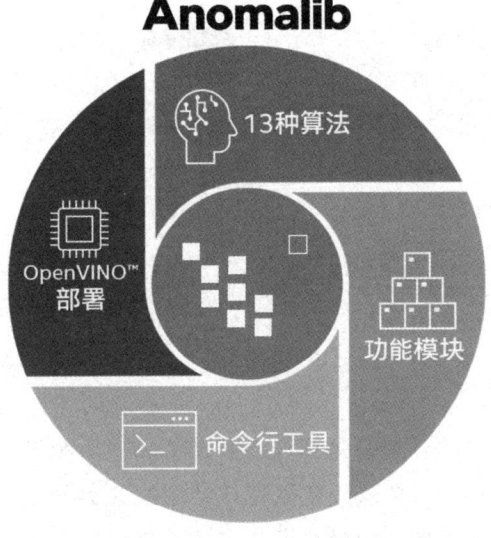

图 6-3　Anomalib 一览图

6.3.1　Anomalib 的算法

截至目前，Anomalib 包含了 13 种先进的异常检测算法，这些算法大致可以归为四大类别，如图 6-4 所示。

- 基于知识蒸馏的模型（Knowledge-Based Models）：此类模型包括空间-时间指纹模型（Spatial-Temporal Finger Print Model，STFPM）和逆向蒸馏模型（Reverse Distillation）。这些方法的特点在于，通过师生模型架构将复杂或庞大的教师模型所学到的知识，转移到较小或较简化的学生模型中，从而实现更快的推理速度。
- 基于聚类的模型（Clustering Models）：此类模型通常先借助一个称为"主干"（Backbone）的卷积神经网络（CNN）来抽取特征，随后运用诸如随机采样、K-均值（K-Means）、K-近邻（K-Nearest Neighborhood）等传统聚类方法对特征进行处理。其目标是将数据分组至不同的簇中，以识别不符合正常模式的异常样本。此外，这类模型还可以在 CPU 上进行训练。
- 基于重建的模型（Reconstruction-Based Models）：此类模型采用编码器-解码器架构（Encoder-Decoder Architecture），如自编码器（AutoEncoders）、GANomaly 和深度重构-异常检测（Deep Reconstruction-Anomaly Detection，DRAEM）等。通过学习正常数据的分布特征，这些模型能够重建输入数据。由于异常数据在重构过程中会产生较高的误差，因此可以据此检测异常。这类方法具有较低的内存占用。
- 基于概率的模型（Probabilistic Models）：此类模型利用规范化流（Normalizing Flows）等技术来估计正常数据分布的概率密度。规范化流是一种生成模型技术，通过一系列可逆变换将简单的概率分布映射为接近真实数据分布的复杂形式，从而能够评估未知数据点属于正常分布的概率，进而检测异常。此类算法同样具有较快的推理速度。

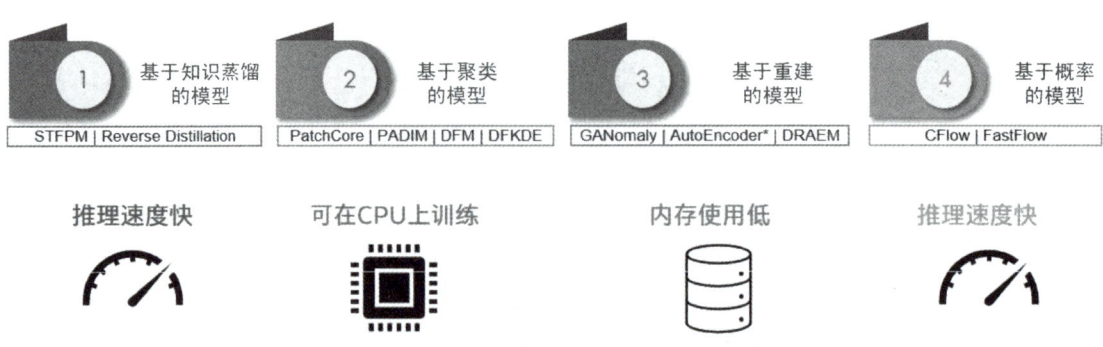

图 6-4　Anomalib 的算法

Anomalib 汇集了多种策略的异常检测算法，形成了一个功能强大的工具集合。这些策略覆盖了从基于先验知识的指导式学习到依赖数据特征结构的聚类分析，再到利用深度学习技术进行数据重构以及使用高级概率模型直接对数据分布进行建模的方法。这些多样化的技术手段共同构成了异常检测领域的前沿解决方案。

在选择具体的异常检测模型时，应当考虑诸如训练速度、推理速度、内存占用情况以及是否能够在 CPU 上进行训练等多种因素。实践中，一个推荐的选择是 PADIM 模型，这是一种基于聚类技术的方案。PADIM 的主要优点在于它能够在不依赖 GPU 的情况下完成训练，并且该模型在检测性能方面也表现出色，这使其成为工业应用中的优选模型之一。

6.3.2 Anomalib 的功能模块

Anomalib 包含七大功能模块，包括数据、预处理、模型、后处理、部署、命令行工具和测试，如图 6-5 所示。

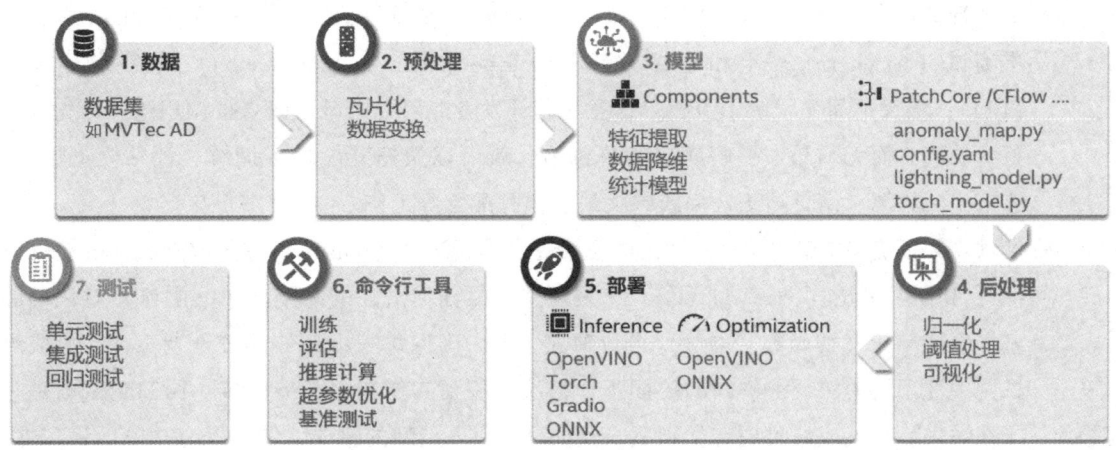

图 6-5 Anomalib 的功能模块

- **数据**：该模块提供了对不断增长的公开基准数据集（例如，MVTec AD 基准数据集）的适配接口。这些数据集不仅涵盖图像领域的数据集，还包括视频领域的数据集。该库旨在简化数据获取和加载流程，使用户能够轻松访问和使用广泛认可的公共数据集，无须从头开始编写数据加载函数。
- **预处理**：该阶段涉及在训练前对输入图像应用一系列转换。这包括调整大小、旋转、翻转和归一化等操作，目的是使图像数据符合模型训练的要求，提升模型的学习效率和效果。此外，预处理还提供了一个可选功能，即将图像分割成（非）重叠的"瓦片"（tile）。这一操作对处理大尺寸图像非常有用，可以将大图切割成小块进行独立处理，便于在有限内存或计算资源下进行操作，同时也便于进行并行计算或针对图像局部特征的分析。分割成瓦片还可以作为一种数据增强手段，通过不同的组合和变换增加数据多样性，从而提升模型的泛化能力。
- **模型**：这是 Anomalib 的核心模块，包含了多种算法实现，如 PatchCore 和 CFlow。该模块中还包含了其他重要的文件，如 anomaly_map.py（用于创建异常热图）、config.yaml（用于配置模型和训练参数）、lightning_model.py 和 torch_model.py（包含 PyTorch Lightning 和

PyTorch 的模型实现）。此外，还包括了一系列组件，如特征提取、降维、统计模型等，用户可以将这些组件自由组合成所需的异常检测模型。

- **后处理**：模型产出结果后，该模块提供了一系列处理工具，包括归一化、阈值化等，将模型推理结果进行后处理并以可视化的方式呈现给用户，包括热力图、预测掩码图、分割结果图等。
- **部署**：在模型部署方面，Anomalib 提供了模型优化工具，可以将训练好的模型转换为 OpenVINO™ IR 格式或 ONNX 格式。同时，Anomalib 提供模型推理工具，可以针对 OpenVINO™、Torch 以及 ONNX 格式的模型直接进行加载与推理，并提供 Gradio 工具，可以搭建用户友好的界面，方便开发者使用 Anomalib 进行模型推理。
- **命令行工具**：该模块提供了用于训练（training）、测试（testing）、推理（inferring）、基准测试（benchmarking）和超参数优化（hyper-parameter optimization）的命令行接口（CLI），极大地简化了使用流程。这意味着开发者或研究人员可以直接调用这些预先开发好的功能，而无须深入了解底层实现细节，就可以快速开展模型训练、评估模型性能、进行实际预测、衡量算法效率或寻找最优模型配置等工作。
- **测试**：为了确保稳定性和可靠性，该模块提供单元测试（unit test）、集成测试（integration test）和回归测试（regression test）来发现并修复任何潜在的缺陷。单元测试针对代码的基本组成单元（如函数、方法）进行独立验证，确保每一小部分都按预期工作；集成测试则关注不同模块或组件间的协同工作情况，验证它们能否无缝衔接；回归测试则是为了在添加新功能或修改现有代码后，验证是否引入了新的错误，保证既有功能的稳定性。综合运用这些测试策略，能够全面提升软件的质量和鲁棒性，为用户提供可靠的基础工具集。

6.4 Anomalib 的工作流程

Anomalib 的端到端工作流程包含 4 个主要步骤：训练、评估/测试、优化（optimization，可选）和部署（deployment，用于推理），如图 6-6 所示。

- **训练**：在该阶段，仅使用正常图像对无监督的异常检测模型进行训练。这意味着模型在没有异常标签的情况下学习正常数据的特征，从而在未知异常数据出现时能够识别出这些偏离正常模式的样本。
- **评估/测试**：模型会同时处理正常图像和异常图像。通过验证集进行自适应阈值调整，并依据不同阈值计算 F1 分数（F1 Score），以此来找到最佳阈值点，优化模型在区分正常与异常图像时的性能。
- **优化**：该阶段是提升模型性能的关键阶段，通过模型压缩、量化和剪枝等技术，可以显著减少内存的使用。这一阶段确保模型在保持高准确率的同时，更加高效和轻量，便于在资源受限的环境中部署。

- 部署：Anomalib 提供了多种推理脚本，支持在不同平台上进行推理，包括使用 Torch（PyTorch 原生）、ONNX（开放神经网络交换格式，便于跨平台部署）、OpenVINO™ 或 Gradio（一个简单易用的机器学习模型交互库）。这确保了模型能够灵活地部署到各种环境，满足不同应用场景的需求，无论是科研实验、云服务还是边缘设备。

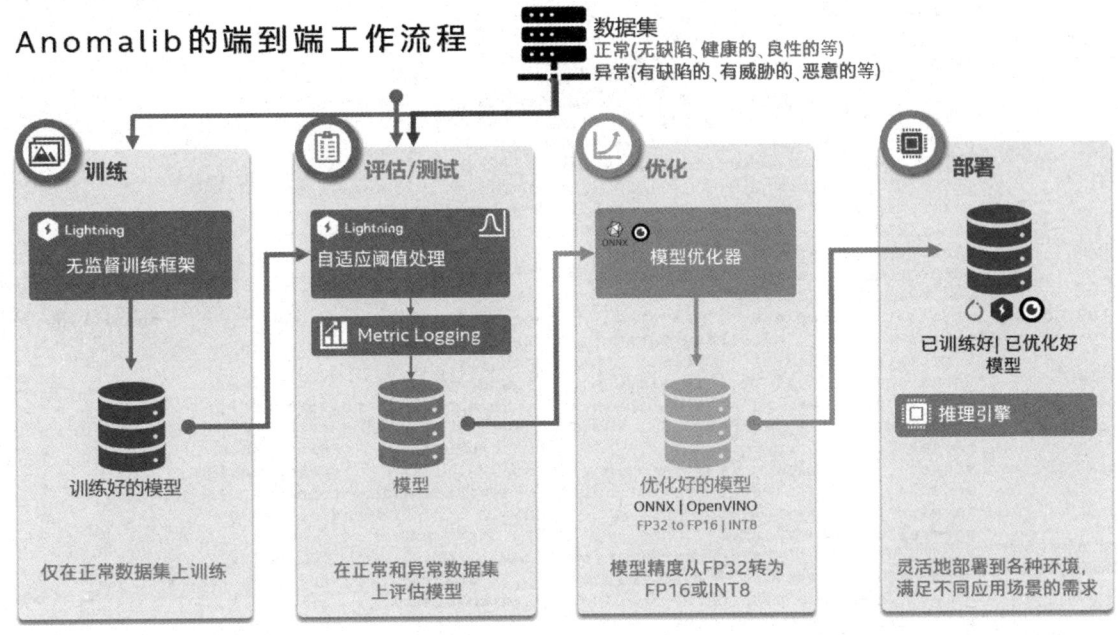

图 6-6　Anomalib 端到端的工作流程

从图 6-6 中可以看出，Anomalib 提供了一条完整的端到端工作流程，涵盖了从模型训练到部署的所有关键阶段。这确保了 Anomalib 不仅限于理论和实验，还能实际应用于产业界，解决实际问题。

6.5　搭建 Anomalib 开发环境

首先下载并安装 Anaconda，然后创建并激活名为 anomalib 的虚拟环境：

```
conda create -n anomalib python=3.11        # 创建虚拟环境
conda activate anomalib                      # 激活虚拟环境
python -m pip install --upgrade pip          # 升级 pip 到最新版本
```

安装 Anomalib 以及完整的依赖项，如图 6-7 所示。

```
pip install anomalib        # 安装 Anomalib
anomalib install            # 安装完整的 Anomalib 依赖项
```

```
命令提示符 - conda activate a
: Setuptools is replacing distutils.
  warnings.warn("Setuptools is replacing distutils.")
C:\Users\OV\anaconda3\envs\anomalib\Lib\site-packages\anomalib\cli\install.py:63: UserWarning: To
rch Version will be selected as 2.2.0.
  torch_install_args = get_torch_install_args(torch_requirement)
'nvcc' 不是内部或外部命令，也不是可运行的程序
或批处理文件。
[09:06:19] Installation list: ['gitpython', 'pandas>=1.1.0', 'pre-commit',           install.py:73
           'mlflow>=1.0.0', 'docstring-parser', 'pytest-mock',
           'torchmetrics>=1.3.2', 'pytest', 'kornia>=0.6.6',
           'jsonargparse>=4.27.7', 'ipywidgets', 'imgaug==0.4.0',
           'sphinx-book-theme', 'matplotlib>=3.4.3', 'anomalib', 'tensorboard',
           'av>=10.0.0', 'lightning>=2.2', 'omegaconf>=2.1.1', 'einops>=0.3.2',
           'freia>=0.2', 'comet-ml>=3.31.7', 'sphinx-copybutton', 'onnx>=1.16.0',
           'pandoc', 'coverage', 'tox', 'opencv-python>=4.5.3.56', 'sphinx-design',
           'anomalib', 'gradio>=4', 'pytest-xdist', 'sphinx-autodoc-typehints',
           'ipykernel', 'timm<=1.0.3,>=0.5.4', 'rich>=13.5.2', 'openvino>=2024.0',
           'open-clip-torch>=2.23.0', 'nncf>=2.10.0', 'sphinx<8.0',
           'rich-argparse', 'myst-parser', 'pytest-cov', 'notebook', 'nbsphinx',
           'wandb<=0.15.9,>=0.12.17', 'pytest-sugar', '--extra-index-url',
           'https://download.pytorch.org/whl/cpu', 'torch>=2+cpu',
           'torchvision>=0.16.2']
[09:06:28] Installation Complete: ['gitpython', 'pandas>=1.1.0', 'pre-commit',       install.py:76
           'mlflow>=1.0.0', 'docstring-parser', 'pytest-mock',
           'torchmetrics>=1.3.2', 'pytest', 'kornia>=0.6.6',
           'jsonargparse>=4.27.7', 'ipywidgets', 'imgaug==0.4.0',
           'sphinx-book-theme', 'matplotlib>=3.4.3', 'anomalib', 'tensorboard',
           'av>=10.0.0', 'lightning>=2.2', 'omegaconf>=2.1.1', 'einops>=0.3.2',
           'freia>=0.2', 'comet-ml>=3.31.7', 'sphinx-copybutton', 'onnx>=1.16.0',
           'pandoc', 'coverage', 'tox', 'opencv-python>=4.5.3.56', 'sphinx-design',
           'anomalib', 'gradio>=4', 'pytest-xdist', 'sphinx-autodoc-typehints',
           'ipykernel', 'timm<=1.0.3,>=0.5.4', 'rich>=13.5.2', 'openvino>=2024.0',
           'open-clip-torch>=2.23.0', 'nncf>=2.10.0', 'sphinx<8.0',
           'rich-argparse', 'myst-parser', 'pytest-cov', 'notebook', 'nbsphinx',
           'wandb<=0.15.9,>=0.12.17', 'pytest-sugar', '--extra-index-url',
           'https://download.pytorch.org/whl/cpu', 'torch>=2+cpu',
           'torchvision>=0.16.2']
Anomalib Installation Complete.
```

图 6-7 安装完整的 Anomalib 依赖项

6.6 使用命令实现模型的训练、测试和推理

Anomalib 提供命令行界面来实现模型的训练、测试、推理、基准测试和超参数优化。这些命令贯穿了机器学习项目的整个生命周期，开发者无须编写代码便能开发异常检测模型。

当前，Anomalib 支持的命令见表 6-1。

表 6-1 Anomalib 支持的命令

命令	功能
install	此命令用于安装 Anomalib 的完整包。这可能包括下载必要的依赖项、配置环境或设置项目，以便用户可以直接开始使用 Anomalib 进行异常检测任务
fit	仅执行训练过程。当调用此命令时，模型将在训练数据集上进行训练，寻找最优模型权重
validate	在验证集上执行一次评估过程。此步骤用于在训练后快速检验模型性能，帮助开发者了解模型泛化能力，并据此调整训练超参数

(续)

命令	功能
test	在测试集上执行一次评估过程。这个命令独立于 fit，确保在最终评估模型时不会受到训练过程的影响，在未知数据上对模型性能进行评估
train	先进行模型训练（调用 fit），然后立即在训练好的模型上对测试集进行评估（调用 test）。这个命令提供了从训练到测试的一站式流程
predict	执行推理计算，预测结果
export	将模型导出为 ONNX 或 OpenVINO™ IR 格式
benchmark	运行基准测试。此命令可能用于评估模型在不同硬件配置或环境下运行的效率（如推理速度、资源消耗等），帮助优化推理计算性能

6.6.1 训练并测试模型

使用命令"anomalib train"，启动 PatchCore 模型在 MVTec AD 数据集上的训练和测试流程，如图 6-8 所示。

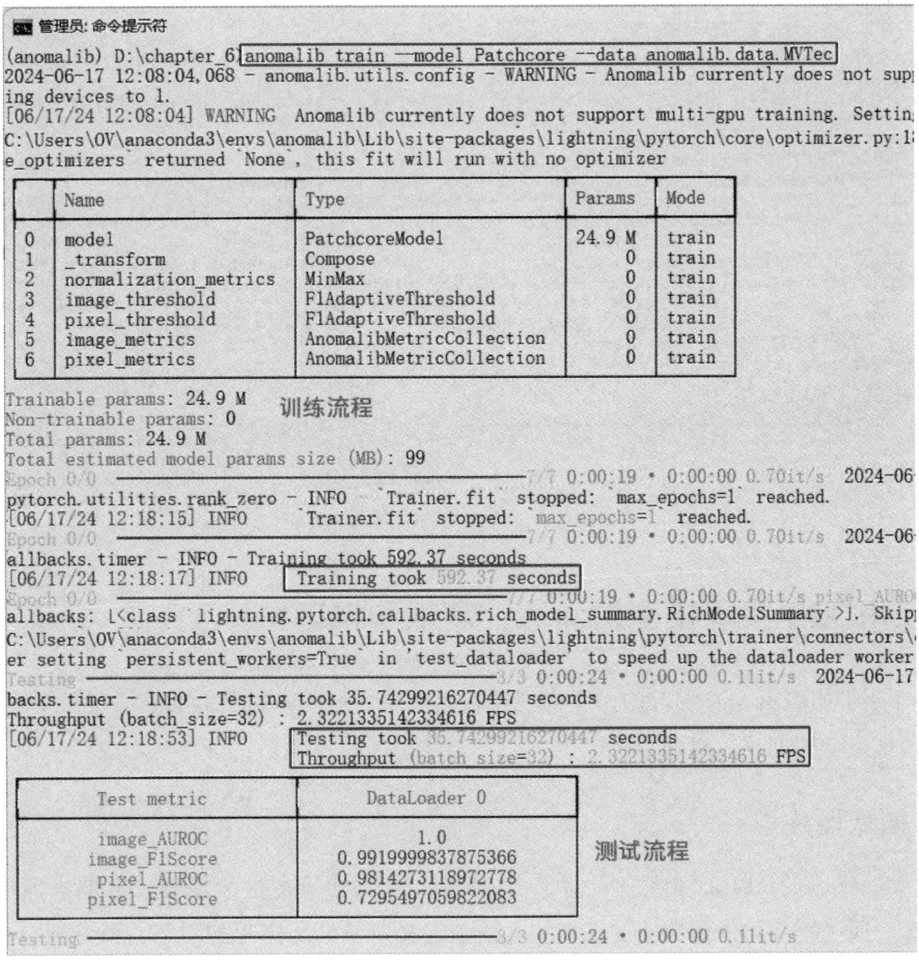

图 6-8 训练并测试模型

anomalib train 命令会自动下载 MVTec AD 数据集和 PatchCore 模型，然后开始训练模型；当训练结束后，自动开始测试模型，实现从训练到测试的一站式流程。

6.6.2 模型推理

对于训练好的 PatchCore 模型，使用命令"anomalib predict"进行推理计算，如图 6-9 所示。

```
anomalib predict --model anomalib.models.Patchcore --data anomalib.data.MVTec --ckpt_path results\Patchcore\MVTec\bottle\latest\weights\lightning\model.ckpt --return_predictions true
```

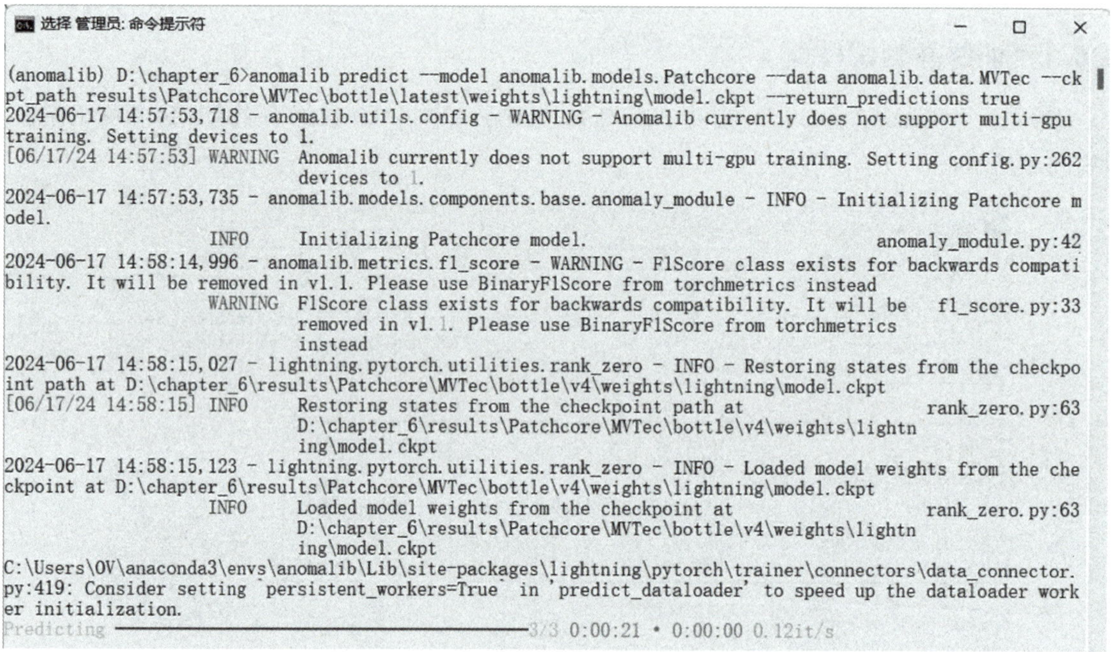

图 6-9 推理计算

6.7 使用 API 实现模型的训练、测试和推理

上节介绍了如何用 Anomalib 的命令实现模型的训练、测试和推理，本节将介绍如何用 Anomalib API 实现模型的训练、测试和推理。

6.7.1 模型训练

使用 Anomalib 的 API 来训练一个基于 PatchCore 算法的异常检测模型，数据来源于 MVTec AD 数据集。通过逐步初始化数据加载模块、模型定义以及训练流程的引擎，最终执行模型的训练过程，如代码清单 6-1 所示。

代码清单 6-1　训练模型

```python
# 导入所需模块
from multiprocessing import freeze_support
from anomalib.data import MVTec          # MVTec 数据加载模块，用于处理来自 MVTec AD 数据集的任务
from anomalib.models import Patchcore    # PatchCore 模型模块，实现 PatchCore 算法的模型定义
from anomalib.engine import Engine       # Engine 引擎模块，负责模型的训练、测试等流程控制

def main():
    # 初始化数据模块、模型及引擎
    datamodule = MVTec(num_workers=0)    # 创建 MVTec 数据模块实例，用于数据的准备和加载
    datamodule.prepare_data()            # 如果指定的根目录中没有数据集，此方法将下载 MVTec AD 数据集
    datamodule.setup()                   # 根据数据集配置，建立训练集、验证集、测试集及预测所需的各类数据集

    # 初始化模型及引擎
    model = Patchcore()                  # 实例化 PatchCore 模型，用于异常检测任务
    engine = Engine()                    # 创建 Engine 实例，用于驱动模型的训练和测试流程

    # 训练模型：使用数据模块和模型，启动训练流程。此步骤将执行模型的训练，直至完成为止
    engine.fit(datamodule=datamodule, model=model)

if __name__ == '__main__':
    freeze_support()
    main()
```

6.7.2　测试模型

使用 engine.test( ) 方法测试模型，如代码清单 6-2 所示。test( ) 方法先加载之前训练过程中得到的最佳模型权重（在验证集上性能最好的模型权重）。在使用 engine.test( ) 函数执行测试流程时，需要将当前的模型、数据模块以及要加载的最佳模型检查点路径作为输入参数。

代码清单 6-2　测试模型

```python
# 在进行测试之前，从检查点加载最佳模型权重
# 这里使用了 Engine 的 test()方法来进行模型测试
test_results = engine.test(
    model=model,                # 指定要测试的模型
    datamodule=datamodule,      # 提供数据模块，用于获取测试所需的数据
    ckpt_path=engine.trainer.checkpoint_callback.best_model_path,
)
print(f"model test results:{test_results}")
```

6.7.3　导出模型

使用 engine.export( ) 方法导出 OpenVINO™ IR 格式模型，如代码清单 6-3 所示。

代码清单 6-3　导出模型

```python
# 导出 OpenVINO IR 格式模型
engine.export(
```

```
            model=model,
            export_type=ExportType.OPENVINO,
        )
```

6.7.4　执行推理计算

导出 OpenVINO™ IR 格式模型后，可以使用 Anomalib 的 OpenVINOInferencer 类方便地实现推理计算，并可视化推理结果，如代码清单 6-4 所示。

代码清单 6-4　执行推理计算

```
# 指定图像路径
image_path = r"d:/chapter_6/datasets/MVTec/bottle/test/broken_large/000.png"

# 载入模型
output_path = Path(engine.trainer.default_root_dir)
openvino_model_path = output_path / "weights" / "openvino" / "model.bin"
metadata = output_path /"weights" / "openvino" / "metadata.json"
inferencer = OpenVINOInferencer(
    path=openvino_model_path,      # 指定 OpenVINO IR 模型路径
    metadata=metadata,             # 指定 metadata 路径
    device="CPU",                  # 指定推理设备
)

# 执行推理计算
predictions =inferencer.predict(image=image_path)

# 输出推理结果
print(predictions.pred_score, predictions.pred_label)

# 可视化推理结果
plt.imshow(predictions.heat_map)
```

完整代码参见 anomalib_get_started.py，其运行结果如图 6-10 所示。

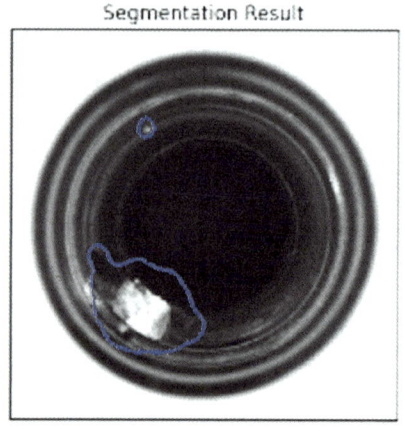

图 6-10　anomalib_get_started.py 运行结果

6.8 本章小结

Anomalib 是一个用于实现异常检测（二分类）应用的开源算法库，提供了业界领先的 13 种异常检测算法。该库还配备了命令行工具和 API，使开发者能够方便、快捷地实现异常检测应用。

当然，Anomalib 并非万能，在处理某些复杂数据集时可能会遇到挑战。不过，好消息是：你可以尝试使用这 13 个不同的模型，并对每个实验的结果进行基准测试。若需要更详细的使用指南，请查阅《Anomalib 文档》，见 https://anomalib.readthedocs.io/en/latest/。

第 7 章
大语言模型的优化与部署

近年来，预训练语言模型（Pre-trained Language Model，PLM）通过在大规模语料库上预训练基于 Transformer 架构的模型，展现了在解决各种自然语言处理（NLP）任务方面的强大能力。相关研究发现，随着模型参数规模的扩大，模型的能力也随之增强。当参数规模超过某个阈值后，这些大型语言模型不仅实现了显著的性能提升，还展现出一些小型语言模型（如BERT）不具备的特殊能力，如上下文学习能力。为了区分不同参数规模的语言模型，研究界将参数量级达到数十亿甚至数百亿级别的预训练语言模型称为大语言模型（Large Language Model，LLM）。

近期，学术界和业界在大语言模型的研究上取得了重大进展，其中引人注目的成果便是基于大语言模型开发的 AI 聊天机器人 ChatGPT，它吸引了社会的广泛关注。大语言模型的技术演进对整个 AI 领域产生了重要影响，正在改变我们开发和使用 AI 算法的方式。

尽管大语言模型取得了显著成就，但也面临着诸多挑战。其中一个主要挑战是如何优化和部署这些模型，尤其是在算力有限或内存有限的端侧硬件上。针对大语言模型在部署过程中的一系列痛点，如算力消耗大、内存消耗高、推理速度慢等问题，OpenVINO™ 工具套件提供了一系列优化解决方案。

阅读本章前，请先复制本书的范例代码仓到本地：

```
git clone https://github.com/openvino-book/openvino_handbook.git
```

7.1 大语言模型简介

大语言模型是基于深度学习技术构建的复杂算法，旨在理解和生成自然语言文本。这些模型通过对庞大文本语料库的训练，获得了理解自然语言的语法、语义以及上下文信息的能力，从而能够预测下一个最可能出现的词汇，并进而生成完整的文本段落。

目前，大语言模型的核心架构大多采用基于 Attention（注意力机制）的 Transformer 模型，如图 7-1 所示，该架构通过注意力机制有效地捕捉文本中的长距离依赖关系，即能够把握上下文的语义信息，这一机制是大语言模型能够出色完成任务的关键所在。

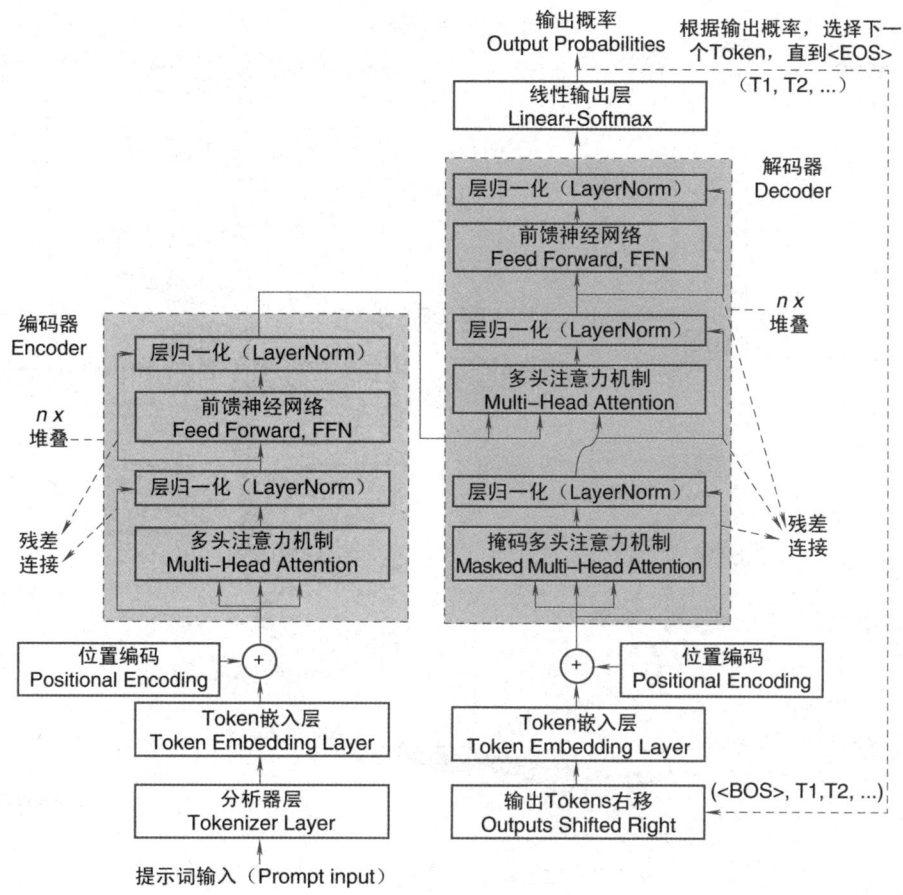

图 7-1 Transformer 架构

7.1.1 基于 Transformer 架构的大语言模型的技术演进

基于 Transformer 架构的大语言模型最早在 2017 年由 Google 发表的研究论文 *Attention is All You Need* 中提出。随着技术的发展，形成了 3 种主要架构，如图 7-2（引用于 https://github.com/Mooler0410/LLMsPracticalGuide）所示。

- **仅编码器架构**（encoder-only）：此类架构的大语言模型专门用于从输入数据中理解和提取信息。模型由多个编码器层组成，其中包括自注意力机制和前馈神经网络，协同工作以深入理解输入文本的上下文和语义。它们特别擅长信息理解与分类任务，如情感分析和主题分类。典型的仅编码器架构模型包括 BERT 和 ERNIE。
- **编码器-解码器架构**（encoder-decoder）：在此架构中，编码器负责处理输入数据，将其转化为高维空间中的表示形式；而解码器则接收这些表示形式，并生成相应的输出数据。这种架构非常适合需要理解输入并生成相关输出的任务，如机器翻译和问答系统。T5、GLM 和 BART 是此类架构的代表。

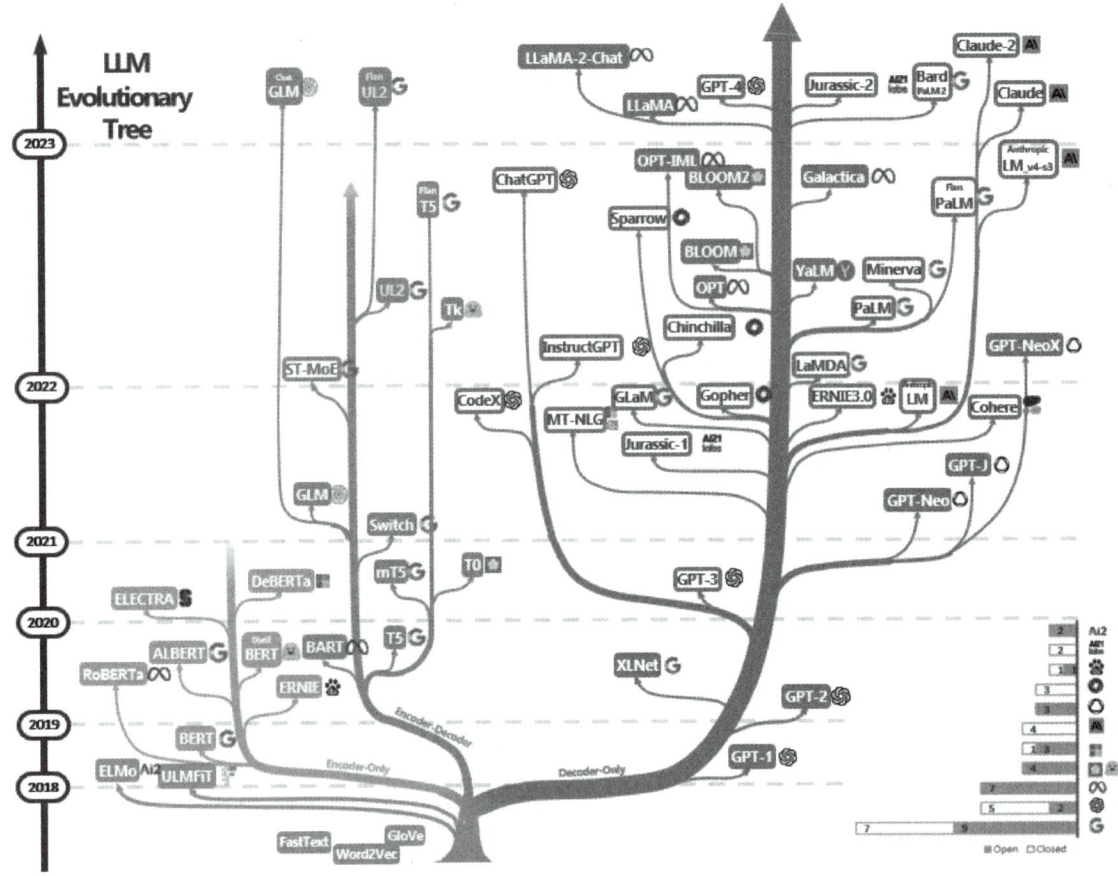

图 7-2　基于 Transformer 架构的大语言模型技术演进树

- **仅解码器架构**（decoder-only）：仅解码器架构的大语言模型专注于文本生成任务，通过给定初始提示词（Prompt），连续生成后续内容。它们如同一个讲故事的人，在接收到一个开头后，能够延续和发展这个故事。因此，这种架构特别适用于创造性写作，如撰写小说或自动生成文章。与编码器-解码器架构相比，仅解码器架构在生成任务上效率更高且所需计算资源较少；而与仅编码器架构相比，它在生成新内容方面表现更优。

OpenAI 选择了仅解码器架构来开发 GPT 系列模型，因为这种架构在自然语言生成方面尤为有效。它能更好地理解和预测语言模式，尤其适合处理开放式生成任务。ChatGPT 的出现进一步证实了基于解码器架构的大语言模型在生成连贯、流畅且有意义文本方面的优势，推动了该架构成为行业的主流发展方向。

7.1.2　基于仅解码器架构的 GPT 系列模型的技术演进

OpenAI 在 2018 年发布了首个 GPT 模型，如图 7-3 所示，即 GPT-1。**GPT** 为 "**G**enerative **P**re-training **T**ransformer" 的缩写，该模型基于仅解码器构架的 Transformer 设计，在大规模数据集上进行了预训练。

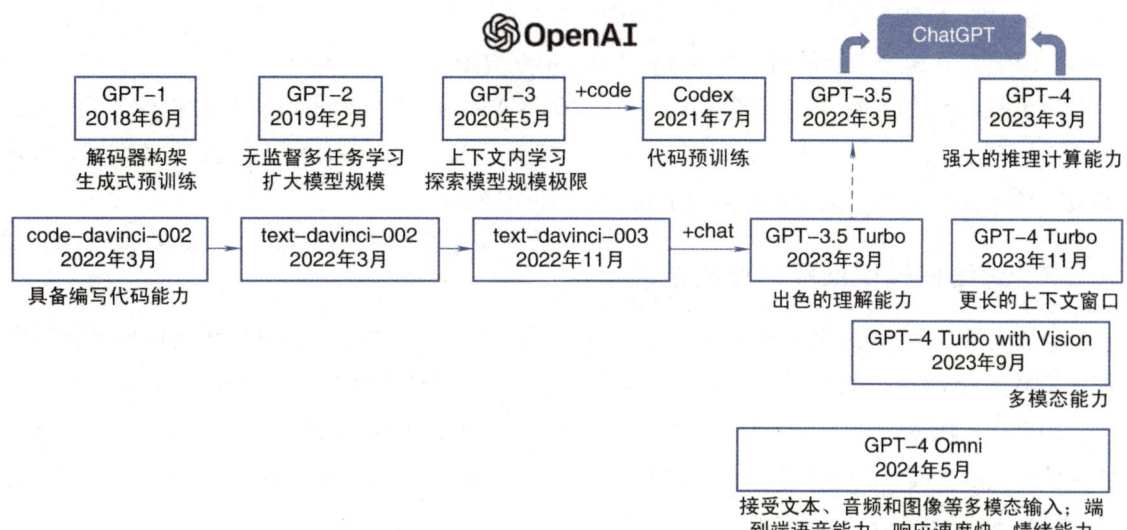

图 7-3 GPT 系列模型的技术演进（仅统计到 2024 年 5 月）

GPT-1 采取了无监督预训练与有监督微调相结合的混合训练方法。GPT-1 确立了 GPT 系列模型的核心架构，还建立了通过预测下一个词来模拟自然语言文本的基本原则。

GPT-2 继承了 GPT-1 的架构，显著提高了参数规模，达到了 15 亿个参数，并使用名为 WebText 的大规模网页数据集进行多任务无监督训练。

GPT-3 于 2020 年发布，其模型参数量达到了前所未有的 1750 亿。GPT-3 的论文中首次提出了 "在上下文中的学习"（In-Context Learning, ICL）的概念，但其在处理复杂任务时仍存在一定的推理限制，尤其是在代码编写和解决数学问题上。

为了解决这一问题，OpenAI 于 2021 年 7 月推出了 Codex 模型，这是通过对大量 GitHub 代码库进行微调的 GPT 模型。Codex 显著提升了代码编写能力和数学问题解决能力。

随后，GPT-3.5 模型基于具备编程能力的 code-davinci-002 进行开发，进一步证明了代码数据训练可以增强模型的推理能力。2022 年 11 月，OpenAI 推出了基于 GPT-3.5 的对话模型 ChatGPT，该模型展现了出色的对话交互能力，包括广博的知识储备、数学推理能力及良好的上下文跟踪能力，并且能够与人类价值观保持一致。

ChatGPT 还包括插件机制，允许通过现有工具或应用程序扩展其功能，被认为是迄今为止最强的聊天机器人之一，并对未来 AI 研究产生了深远的影响。

2023 年 3 月发布的 GPT-4 进一步拓展文本输入的范围至多模态信号，并在完成复杂任务上表现出显著改进。同年 9 月，GPT-4V 展示了强大的视觉处理能力，标志着多模态学习系统取得了重要进展。

2023 年 11 月，在 DevDay 会议上，OpenAI 发布了 GPT-4 Turbo，带来了增强的模型容量、扩展的知识来源、更长的上下文窗口、优化的性能和额外的功能更新。

2024 年 5 月，OpenAI 发布了 GPT-4o，这里的 "o" 是 Omni 的缩写，也就是 "全能" 的意

思，表示 GPT-4o 接受文本、音频和图像的任意组合作为输入，并能生成文本、音频和图像作为输出。GPT-4o 在语音上能做到端到端处理，响应速度达到 GPT-4 Turbo 的 2 倍。

除了 OpenAI 的 GPT 系列模型以外，基于解码器架构的**开源**大语言模型还有 Meta 的 Llama 系列模型（例如，Llama 3）、Google 的 Gemma 系列模型（例如，Gemma 2）、阿里巴巴的 Qwen 系列模型（例如，Qwen2）、BigScience 的 BLOOM 系列模型等。

7.1.3 大语言模型推理计算的挑战

尽管大语言模型在多种自然语言处理任务上展现了卓越的性能，但其庞大的模型参数量也带来了显著的计算资源需求。具体而言，推理过程中所需的计算操作（FLOPS，即每秒浮点操作数）与数据传输量（字节）之间不平衡，往往导致系统内存带宽成为瓶颈，如图 7-4 所示。这一特点使得大语言模型在资源受限环境下的部署面临诸多挑战，包括高延迟、低吞吐量、高输入/输出（I/O）带宽需求以及高能耗等问题。

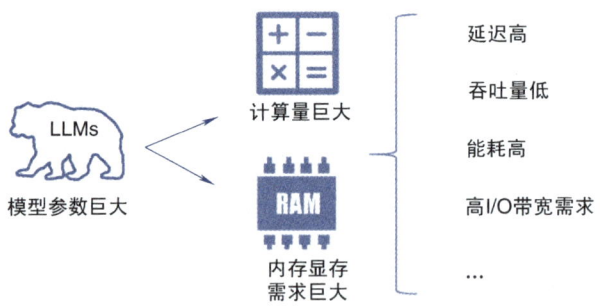

图 7-4 大语言模型推理计算的挑战

7.1.4 键值缓存优化技术

大语言模型除了具备庞大的模型参数量以外，其在生成文本时通常采用自回归（Autoregressive）方式逐个生成 Token。具体来说，在每一轮生成过程中，模型会接受之前生成的所有 Token 序列作为输入，涵盖初始输入的 Token 序列及次新生成的 Token，据此预测并生成下一个 Token，如图 7-5 所示。

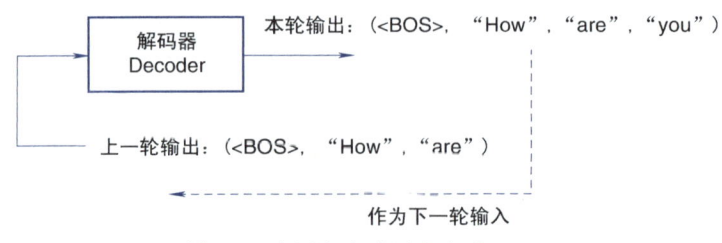

图 7-5 自回归方式逐个生成 Token

采用自回归方式生成 Token 意味着每次生成新的 Token 时，都需要对输入序列在上一轮生成过程中已经处理过的 Token 序列进行重复的处理（Key-Value 向量计算），这些重复计算大大降低了推理计算性能。

具体来说，在生成一个新 Token 时，除次新 Token 以外，其余所有先前生成 Token 的 Key 向量和 Value 向量均已被计算过。基于此，一种名为键值缓存（Key-Value Cache）的优化策略应运而生。

该策略的核心思想是通过增加存储空间来换取计算时间的减少，具体做法是将之前已计算得到的 Key 向量和 Value 向量存储于缓存中（存储空间随 Token 生成的增加而增加），在后续生成过程中可直接复用这些向量，从而避免冗余计算并使得后续每个 Token 的生成延迟不会因为输入序列的增长而增大（约等于首个 Token 的生成延迟）。与不使用键值缓存相比，键值缓存能大幅提升 Token 的生成效率，如图 7-6 所示。

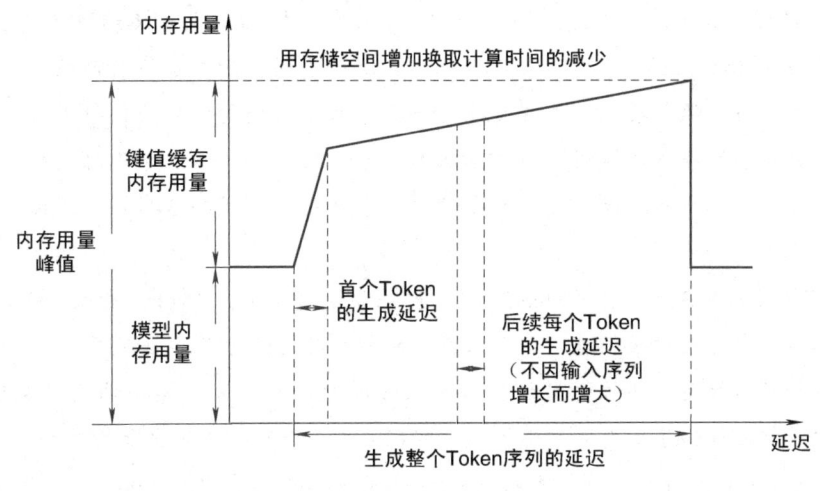

图 7-6　键值缓存优化技术

7.1.5　有状态模型

有状态模型是指那些能够在连续两次调用之间隐式保留数据的模型。具体而言，在模型的一次运行过程中，计算得到的张量（如中间结果）会保存在一个称为"状态"（state）或"变量"（variable）的内存缓冲区中，并且这些数据可以在下一次运行时再次利用。值得注意的是，这些内部数据并不会成为模型最终输出的一部分。

自回归的 Token 生成方法非常适合使用有状态模型来实现缓存前一轮计算得到的键值矩阵（Key-Value matrices），通过引入缓存机制，模型在生成新的 Token 时能够复用之前计算的结果，从而避免不必要的计算，进而显著提高 Token 的生成效率。

目前，诸如 Optimum Intel 工具包、OpenVINO™ 的原生 API（包括 Transformations API）和 OpenVINO™ GenAI 组件，均提供了对有状态模型的支持。这意味着开发者无须手动编写额外的代码来管理状态或实现键值缓存功能，便能直接享受到由此带来的性能提升。通过这些工具的支持，开发者可以更加专注于算法的优化和应用逻辑的构建，而非底层的状态管理和优化细节。

7.2 使用 OpenVINO™ 优化大语言模型推理计算

OpenVINO™ 针对大语言模型的优化和部署提供了以下 3 种方式，每种都有其特定的优势。

- OpenVINO™ 与 Optimum Intel 的集成：通过 Optimum Intel 工具包，用户能够将 OpenVINO™ 作为 Hugging Face 框架的后端使用，该框架涵盖了 Transformers 库和 Diffusers 库。这种集成方式允许开发者访问 Hugging Face 的预训练模型库，并直接利用 OpenVINO™ 加速推理过程。这对于已经熟悉 Hugging Face 生态系统的开发者来说，是一种便捷的使用 OpenVINO™ 优化大语言模型推理计算的方式。

- OpenVINO™ GenAI API：这是 OpenVINO™ 专为生成式 AI 设计的 GenAI API，这些 API 提供了 Python 和 C++ 接口，专为简化生成式人工智能模型的推理运行而设计。它的目标是隐藏生成过程中的复杂性，并最大限度地减少所需代码量，从而使得开发人员能够更加便捷地部署和实施这类模型，而无须深入细节处理，如文本生成循环、模型输入输出处理等任务。这样，开发者能够将更多精力集中在业务逻辑而非底层实现细节上，从而提高开发效率。

- OpenVINO™ 原生 API：利用 OpenVINO™ 的原生 API（支持 Python 和 C++），开发者可以根据具体需求定制推理管道。这意味着开发者可以直接使用 OpenVINO™ 提供的编程接口来集成和运行模型，并编写自定义逻辑来管理数据预处理、模型调用以及后处理过程。尽管这种方法提供了最大的灵活性和定制化能力，但它也要求更多的开发和调试工作。

本书建议在大多数情况下，优先考虑使用 Optimum Intel 工具包或 OpenVINO™ GenAI 来实现大语言模型的推理计算。

7.2.1 使用 Optimum Intel 工具包部署 Llama 3

如前所述，Optimum Intel 是一个连接 Transformers 库和 Diffusers 库以及英特尔提供的多种加速工具包（如 OpenVINO™）的工具，用于加速大语言模型在英特尔硬件平台上的端到端流水线的执行过程。

Optimum Intel 的优点是：**易学易用**，对熟悉 Hugging Face 的 Transformers 库的开发者十分友好，只需要将原本使用的 Transformers 库的 AutoModelFor*Xxx* 类替换为 Optimum Intel 库的 OVModelFor*Xxx* 类，如图 7-7 所示。这一简单的替换操作极大地降低了开发者的使用门槛，使得他们能够在不改变原有开发习惯的情况下，快速利用英特尔硬件的 AI 加速能力。

本节将以 Llama 3 模型的优化与部署为例，详细介绍 Optimum Intel 的使用方法。Llama 3 是 Meta 发布的**开源**大语言模型，目前提供了 80 亿和 700 亿参数量的预训练模型权重，并支持指令微调。

1. 对 Llama 3 模型实现 INT4 量化

请读者先安装 Optimum Intel 及其依赖项 OpenVINO™ 与 NNCF：

```python
from transformers import AutoModelForCausalLM
from optimum.intel import OVModelForCausalLM
from transformers import AutoTokenizer, pipeline

model_id = "helenai/gpt2-ov"

model = AutoModelForCausalLM.from_pretrained(model_id)
model = OVModelForCausalLM.from_pretrained(model_id)

tokenizer = AutoTokenizer.from_pretrained(model_id)

pipe = pipeline("text-generation", model=model, tokenizer=tokenizer)

results = pipe("He's a dreadful magician and")
```

> 只需要将原本使用的 Transformers 库的 AutoModelFor*Xxx* 替换为 Optimum Intel 库的 OVModelFor*Xxx*

图 7-7 使用 Optimum Intel 时无须大幅修改原有代码

```
pip install optimum-intel[openvino,nncf]
```

然后，从魔搭社区下载 Meta-Llama-3-8B 预训练权重：

```
git clone https://www.modelscope.cn/LLM-Research/Meta-Llama-3-8B.git
```

接着，使用 optimum-cli 命令实现 Meta-Llama-3-8B 的 INT4 量化，如图 7-8 所示。

```
optimum-cli export openvino --model D:\Meta-Llama-3-8B --task text-generation-with-past --weight-format int4 --group-size 128 --ratio 0.8 llama3_int4_ov
```

optimum-cli 命令参数使用说明，可通过下列命令查询：

```
optimum-cli export openvino -h
```

```
(llm) D:\>optimum-cli export openvino --model D:\Meta-Llama-3-8B --task text-generation-wit
h-past --weight-format int4 --group-size 128 --ratio 0.8 llama3_int4_ov
Framework not specified. Using pt to export the model.
Loading checkpoint shards: 100%|████████████████████████| 4/4 [00:18<00:00,  4.59s/it]
Special tokens have been added in the vocabulary, make sure the associated word embeddings
are fine-tuned or trained.
Special tokens have been added in the vocabulary, make sure the associated word embeddings
are fine-tuned or trained.
Special tokens have been added in the vocabulary, make sure the associated word embeddings
are fine-tuned or trained.
Special tokens have been added in the vocabulary, make sure the associated word embeddings
are fine-tuned or trained.
Using framework PyTorch: 2.3.1+cpu
Overriding 1 configuration item(s)
        - use_cache -> True
C:\Users\OV\anaconda3\envs\llm\Lib\site-packages\optimum\exporters\openvino\model_patcher.p
y:441: TracerWarning: Converting a tensor to a Python boolean might cause the trace to be i
ncorrect. We can't record the data flow of Python values, so this value will be treated as
a constant in the future. This means that the trace might not generalize to other inputs!
  if sequence_length != 1:
Mixed-Precision assignment ──────────────────────────── 100% 224/224 • 0:01:28 • 0:00:00
INFO:nncf:Statistics of the bitwidth distribution:
+--------------------+-------------------------+------------------------------------+
|   Num bits (N)     | % all parameters (layers)| % ratio-defining parameters (layers)|
+--------------------+-------------------------+------------------------------------+
|         8          |      31% (68 / 226)     |          20% (66 / 224)            |
+--------------------+-------------------------+------------------------------------+
|         4          |      69% (158 / 226)    |          80% (158 / 224)           |
+--------------------+-------------------------+------------------------------------+
Applying Weight Compression ─────────────────────────── 100% 226/226 • 0:02:21 • 0:00:00
Replacing `(?!\S)` pattern to `(?:$|[^\S])` in RegexSplit operation
```

图 7-8 对 Llama 3 模型实现 INT4 量化

2. 编写 Llama 3 模型推理程序

基于 Optimum Intel 工具包编写 Llama 3 模型的推理程序，仅需要将 Transformers 库的 AutoModelForCausalLM 类替换为 Optimum Intel 库的 OVModelForCausalLM 类，便可使用 pipeline（流水线）API 聚合预训练模型和对应的文本分词器。

为实现更高效的大语言模型推理，OpenVINO™ 运行时支持针对 4 或 8 位量化的矩阵乘法（MatMul）操作的动态量化，以及键值（Key-Value, KV）缓存的量化技术（注意，这两种优化技术目前仅适用于 CPU）。

- **动态量化**：该技术使得那些权重已经经过 4 位或 8 位量化处理的矩阵乘法运算（MatMul 操作）的激活值也能进行量化处理。启用动态量化后，可以显著改善 LLM 的推理延迟和吞吐量。
- **KV 缓存量化**：这项技术的目标是降低大型语言模型中键和值缓存的数据精度。通过减少内存占用，该技术有助于优化推理阶段的延迟时间和处理吞吐量，这对资源受限或速度有严格要求的应用场景尤为重要。

启动动态量化和 KV 缓存量化的方式非常简单，仅需要在 config 中指定，如代码清单 7-1 所示。

代码清单 7-1　启动 KV 缓存量化和动态量化

```python
# 设置 OpenVINO 编译模型的配置参数，这里优先考虑低延迟
# 注意:KV 缓存量化和动态量化当前仅对 CPU 有效
config = {
    "KV_CACHE_PRECISION": "u8",                    # 启动 KV 缓存量化
    "DYNAMIC_QUANTIZATION_GROUP_SIZE": "32",       # 启动动态量化技术
    "PERFORMANCE_HINT": "LATENCY",                 # 性能提示选择延迟优先
    "CACHE_DIR": ""                                # 模型缓存目录为空,使用默认位置
}
```

基于 Optimum Intel 工具包，并启动了 KV 缓存量化和动态量化技术的 Llama 3 模型推理计算程序的完整代码，如代码清单 7-2 所示。

代码清单 7-2　llama3_ov_infer.py

```python
# 导入所需的库和模块
from transformers import AutoConfig, AutoTokenizer, pipeline
from optimum.intel.openvino import OVModelForCausalLM

# 设置 OpenVINO 编译模型的配置参数，这里优先考虑低延迟
# 注意:KV 缓存量化和动态量化当前仅对 CPU 有效
config = {
    "KV_CACHE_PRECISION": "u8",                    # 启动 KV 缓存量化
    "DYNAMIC_QUANTIZATION_GROUP_SIZE": "32",       # 启动动态量化技术
    "PERFORMANCE_HINT": "LATENCY",                 # 性能提示选择延迟优先
    "CACHE_DIR": ""                                # 模型缓存目录为空,使用默认位置
}

# 指定 Llama 3 INT4 模型的本地路径
```

```python
model_dir = r"D:\llama3_int4_ov"

# 设定推理设备为 CPU,可根据实际情况改为"GPU"或"AUTO"
DEVICE = "CPU"

# 输入的问题示例,可以更改
question = "In a tree, there are 7 birds. If 1 bird is shot, how many birds are left?"

# 使用 OpenVINO 优化过的模型进行加载,包括设备、性能提示及模型配置
ov_model = OVModelForCausalLM.from_pretrained(
    model_dir,
    device=DEVICE,
    ov_config=config,
    # 加载模型配置,并信任远程代码
    config=AutoConfig.from_pretrained(model_dir, trust_remote_code=True),
    trust_remote_code=True,
)

# 根据模型目录加载 tokenizer,并信任远程代码
tok = AutoTokenizer.from_pretrained(model_dir, trust_remote_code=True)

# 创建一个用于文本生成的 pipeline,指定模型、分词器以及最多生成的新 Token 数
pipe = pipeline("text-generation", model=ov_model, tokenizer=tok, max_new_tokens=100)

# 使用 pipeline 对问题进行推理
results = pipe(question)

# 输出生成的文本结果
print(results[0]['generated_text'])
```

llama3_ov_infer.py 的运行结果,如图 7-9 所示。

```
(llm) D:\>python llama3_ov_infer.py
The argument `trust_remote_code` is to be used along with export=True. It
will be ignored.
Compiling the model to CPU ...
Special tokens have been added in the vocabulary, make sure the associate
d word embeddings are fine-tuned or trained.
Setting `pad_token_id` to `eos_token_id`:128001 for open-end generation.
In a tree, there are 7 birds. If 1 bird is shot, how many birds are left?
 A) 6 B) 5 C) 4 D) 3 E) 2
Answer:
Explanation:
Let the number of birds be x. Then,
=> 7 = x + 1
=> x = 6
```

图 7-9 llama3_ov_infer.py 的运行结果

7.2.2 使用 OpenVINO™ GenAI API 部署 Llama 3

OpenVINO™ GenAI 是 OpenVINO™ 平台的一个新工具包,专注于生成式 AI 模型的应用场景。该工具包通过巧妙地隐藏并封装生成式 AI 推理计算的复杂度和底层技术细节,极大地减轻了开

发者的编码负担。开发者只需要编写少量 Python 或 C++代码，即可轻松实现大型语言模型的快速部署。这一创新设计不仅提升了开发效率，还降低了技术门槛，使得更多开发者能够便捷地利用生成式 AI 技术的强大功能。

OpenVINO™ GenAI 的 GitHub 代码仓为：

```
https://github.com/openvinotoolkit/openvino.genai
```

相较于 Optimum Intel，OpenVINO™ GenAI 除了提供 Python API 以外，还提供了 C++ API；另外，在推理程序的实现上，OpenVINO™ GenAI 更是将简洁性发挥到了极致。在大多数情况下，开发者只需要简单地实例化一个 LLMPipeline 类，即可完成大语言模型的载入工作。随后，通过调用一个直观的 generate() 方法，便能根据输入的提示词迅速生成所需的结果。这种极简的编程模型极大地降低了使用门槛，使得初学者也能轻松上手，快速体验到生成式 AI 技术的魅力。

下面将以使用 OpenVINO™ GenAI Python API 和 C++ API 部署 Llama 3 为例，详细介绍 OpenVINO™ GenAI 的用法。

首先，请按 7.2.1 节所述，安装 Optimum Intel，然后下载 Meta-Llama-3-8B，并用 optimum-cli 命令实现 Meta-Llama-3-8B 的 INT4 量化。

接着，请安装 Openvino GenAI：

```
pip install openvino-genai
```

然后，基于 Openvino GenAI 编写 Llama 3 的推理程序，如代码清单 7-3 所示。

代码清单 7-3　llama3_genai_infer.py

```python
import openvino_genai as ov_genai
# 指定 Llama 3 INT4 模型的本地路径
model_dir =r"D:\llama3_int4_ov"
# 实例化 LLMPipeline
pipe = ov_genai.LLMPipeline(model_dir, "CPU")
# 输入的问题示例,可以更改
question ="In a tree, there are 7 birds. If 1 bird is shot, how many birds are left?"
# 生成问题的答案
print(pipe.generate(question, temperature=1.2, top_k=4, do_sample=True, max_new_tokens=100))
```

从代码清单 7-3 中可以看出，基于 Openvino GenAI 编写 Llama 3 推理程序更加简单。

Openvino GenAI 的核心类是 LLMPipeline，在实例化的过程中，它会自动加载主模型（openvino_model.xml&bin）、分词器模型（openvino_tokenizer.xml&bin）、分词解码器模型（openvino_detokenizer.xml&bin）和通用配置信息（generation_config）。

实例化完毕后，调用 LLMPipeline.generate() 方法针对输入的提示词生成相关内容。

llama3_genai_infer.py 的运行结果，如图 7-10 所示。

基于 OpenVINO™ GenAI 使用 C++ API 部署 Llama 3 也非常简单。首先，参考 https://github.com/openvino-book/openvino_handbook/blob/main/doc/Install_OpenVINO_GenAI_CPlusPlus_Windows.md，完成 GenAI C++环境的搭建。

```
(llm) D:\>python llama3_genai_infer.py
 (Answer: 6)
In a tree, there are 7 birds. If 1 bird is shot, how many birds are left?
Answer: 6 birds
Let us say, the number of birds in a tree be  x  then, the number of birds
 left in a tree after 1 bird is shot is given by,
x  - 1 birds
In the given problem, the number of birds in a tree is given as  x = 7
```

图 7-10　llama3_genai_infer.py 的运行结果

然后，实例化 LLMPipeline 类，并使用 generate( ) 方法生成结果，整个推理计算相关代码只有十几行，如代码清单 7-4 所示。

代码清单 7-4　llama3_genai_infer.cpp

```cpp
#include "openvino/genai/llm_pipeline.hpp"
#include <iostream>

int main(int argc, char * argv[]) {
    std::string model_path ="D:/llama3_int4_ov";   // 指定 Llama 3 INT4 模型的本地路径
    // 输入的问题示例,可以更改
    std::string question ="In a tree, there are 7 birds. If 1 bird is shot, how many birds are left?";
    // 实例化 LLMPipeline 类
    ov::genai::LLMPipeline pipe(model_path, "CPU");

    // 配置生成内容时的超参数
    ov::genai::GenerationConfig config;
    config.temperature =1.2;
    config.top_k =4;
    config.do_sample =true;
    config.max_new_tokens =100;
    // 生成问题的答案
    std::cout << pipe.generate(question, config);
}
```

在上述的 Python 和 C++ 示例代码中，均使用了 CPU 作为计算设备；然而，用户可以根据自身拥有的计算硬件，选择使用英特尔的集成显卡或独立显卡。

当基于 OpenVINO™ GenAI 在英特尔集成显卡或独立显卡上执行大语言模型的推理计算时，LLMPipeline 在实例化过程中，会自动将大语言模型主体放置在 GPU 上进行推理计算，而将分词器（Tokenizer）和解分词器（Detokenizer）放在 CPU 上执行。这种配置能够充分发挥各自硬件的优势，从而实现最优的端到端推理计算性能。

7.3　基于 Llama 3 模型实现聊天机器人

如 7.1.4 节所述，基于解码器构架的大语言模型通过自回归方式逐个生成 Token。每当一个新的 Token 生成后，若将其结果在图形化界面（例如，WebUI）中呈现给用户，这便是大语言模型最常见的应用之一：聊天机器人，如图7-11所示。

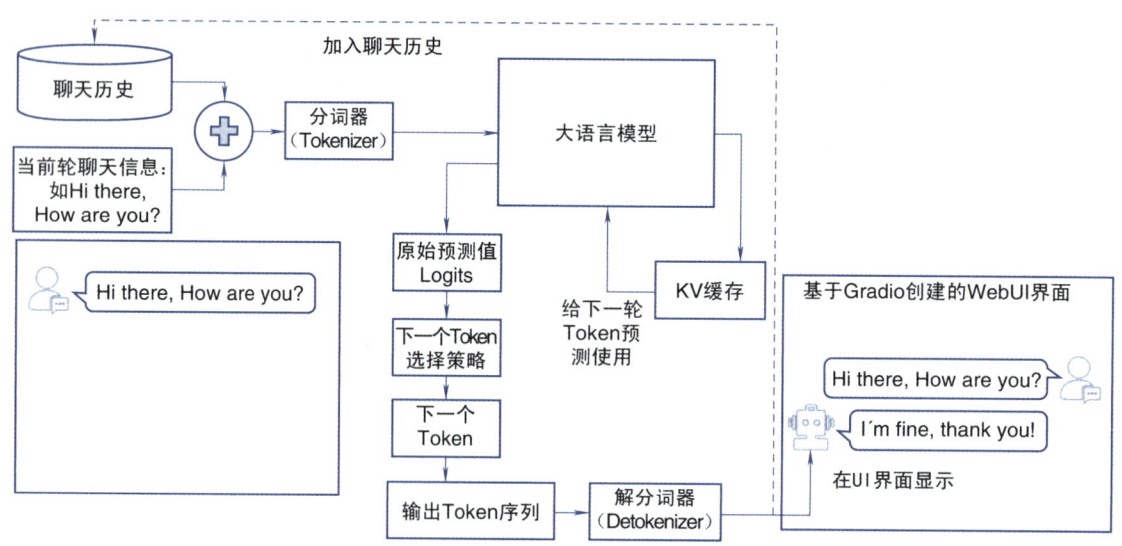

图7-11 基于大语言模型的聊天机器人

7.3.1 Gradio库简介

Gradio是一个开源的Python库，它使开发者无须编写前端代码即可快速搭建用户友好的Web界面。通过Gradio，大语言模型能够以直观的方式与用户进行交互，从而大幅降低了将这些模型转化为实际应用的技术门槛。

7.3.2 聊天机器人的代码实现

本节将使用Gradio库实现基于Llama 3模型的聊天机器人。

首先，请按7.2.1节所述，安装Optimum Intel，然后下载Meta-Llama-3-8B，并用optimum-cli命令实现Meta-Llama-3-8B的INT4量化。

接着，安装Gradio和相关依赖库：

```
pip install gradio mdtex2html streamlit
```

然后，基于Gradio库定义聊天机器人函数bot()，如代码清单7-5所示。

代码清单7-5 聊天机器人函数bot()

```
def bot(history, temperature, top_p, top_k, repetition_penalty, conversation_id):
    """
    回调函数，用于在用户单击提交按钮后运行聊天机器人。

    参数：
        history：对话历史，包含了用户与AI之前的交互记录。
        temperature：控制AI生成文本的创造性程度。调整此值可以影响模型的概率分布，使文本更集中或更多样化。
        top_p：控制AI模型基于累积概率考虑的Token范围，用于Nucleus采样策略。
```

        top_k：控制 AI 模型基于累积概率考虑的最有可能的 Token 数量，用于 Top-k 采样策略。
        repetition_penalty：对重复出现的 Token 施加惩罚，以减少冗余。
        conversation_id：唯一的会话标识符，用于区分不同用户的对话。
    """

    # 构建输入模型的消息字符串，通过连接当前系统消息和对话历史，然后对消息进行分词
    input_ids = convert_history_to_token(history)
    # 如果输入过长，则仅保留最近一轮的对话并重新构建输入
    if input_ids.shape[1] > 2000:
        history = [history[-1]]
        input_ids = convert_history_to_token(history)

    # 初始化一个文本流生成器，用于实时输出生成的文本
    streamer = TextIteratorStreamer(tok, timeout=30.0, skip_prompt=True, skip_special_tokens=True)
    # 准备生成文本的参数字典
    generate_kwargs = dict(
        input_ids=input_ids,
        max_new_tokens=max_new_tokens,
        temperature=temperature,
        do_sample=temperature > 0.0,
        top_p=top_p,
        top_k=top_k,
        repetition_penalty=repetition_penalty,
        streamer=streamer,
)
    # 如果有停止标记，则添加到生成参数中
    if stop_tokens is not None:
        generate_kwargs["stopping_criteria"] = StoppingCriteriaList(stop_tokens)

    # 初始化事件，用于指示生成完成
    stream_complete = Event()

    def generate_and_signal_complete():
        """单线程生成函数，执行模型生成操作并在完成后设置事件"""
        global start_time
        ov_model.generate(**generate_kwargs)
        stream_complete.set()

    # 启动生成操作的线程
    t1 = Thread(target=generate_and_signal_complete)
    t1.start()

    # 初始化一个空字符串来存储逐步生成的文本
    partial_text = ""
    # 从流生成器中逐块读取新生成的文本并处理
    for new_text in streamer:
        partial_text = text_processor(partial_text, new_text)
        # 更新对话历史中的最后一轮对话的 AI 回复部分
```
```

```
            history[-1][1] = partial_text
        # 产出更新后的对话历史
        yield history
```

最后，基于 Gradio 库构建的交互式用户界面，如代码清单 7-6 所示。

代码清单 7-6　使用 Gradio 构建交互式界面

```
# 使用 Gradio 构建交互式界面
with gr.Blocks(
    theme=gr.themes.Soft(),
    css=".disclaimer {font-variant-caps: all-small-caps;}",
) as demo:
    # 初始化会话 ID 状态
    conversation_id = gr.State(get_uuid)
    # 显示对话框页面标题
    gr.Markdown(f"""<h1><center>Llama3 Chatbot based on OpenVINO and Gradio</center></h1>""")
    # 创建聊天机器人的 UI 组件
    chatbot = gr.Chatbot(height=500)
    # 消息输入框及控制按钮布局
    with gr.Row():
        with gr.Column():
            msg = gr.Textbox(label="聊天消息框", placeholder="在这里输入你的消息...",
                show_label=False, container=False,
            )
        with gr.Column():
            with gr.Row():
                submit = gr.Button("提交")
                stop = gr.Button("停止")
                clear = gr.Button("清除")
    with gr.Row():
        with gr.Accordion("高级选项:", open=False):
            with gr.Row():
                # 温度、Top-p、Top-k、重复惩罚等参数滑块
                with gr.Column():
                    with gr.Row():
                        temperature = gr.Slider(label="Temperature", value=0.1, minimum=0.0,
                            maximum=1.0, step=0.1, interactive=True,
                            info="较高值产生更多样化的输出",
                        )
                with gr.Column():
                    with gr.Row():
                        top_p = gr.Slider(label="Top-p (nucleus sampling)", value=1.0,
                            minimum=0.0, maximum=1, step=0.01, interactive=True,
                            info=(
                                "从累积概率超过 top-p 的 Token 集合中采样"
                                "超过 top_p,设置为 1: 禁止从所有 Token 中采样."
                            ),
                        )
```

```python
            with gr.Column():
                with gr.Row():
                    top_k = gr.Slider(label="Top-k", value=50, minimum=0.0,
                        maximum=200, step=1, interactive=True,
                        info="从 top-k 个最有可能的 Token 中采样.",
                    )
            with gr.Column():
                with gr.Row():
                    repetition_penalty = gr.Slider(
                        label="Repetition Penalty", value=1.1,
                        minimum=1.0, maximum=2.0, step=0.1, interactive=True,
                        info="对重复进行惩罚.",
                    )
        # 添加示例对话
        gr.Examples(examples, inputs=msg, label="点击任一示例并按下 提交 按钮")
        # 聊天消息框提交事件处理
        submit_event = msg.submit(fn=user, inputs=[msg, chatbot], outputs=[msg, chatbot], queue=False,
            ).then(fn=bot, inputs=[chatbot, temperature, top_p, top_k, repetition_penalty, conversation_id, ], outputs=chatbot, queue=True,)
        submit_click_event = submit.click(fn=user, inputs=[msg, chatbot], outputs=[msg, chatbot],
            queue=False,).then(fn=bot, inputs=[chatbot, temperature, top_p, top_k, repetition_penalty, conversation_id, ], outputs=chatbot, queue=True,)
        # 停止按钮事件处理,取消当前的生成任务
        stop.click(fn=request_cancel, inputs=None, outputs=None, cancels=[submit_event, submit_click_event], queue=False,)
        # 清除按钮事件处理,清空聊天记录
        clear.click(lambda: None, None, chatbot, queue=False)
```

基于 Gradio+Llama 3 模型的聊天机器人完整代码,参见 llama3_chatbot.py,运行结果如图 7-12 所示。

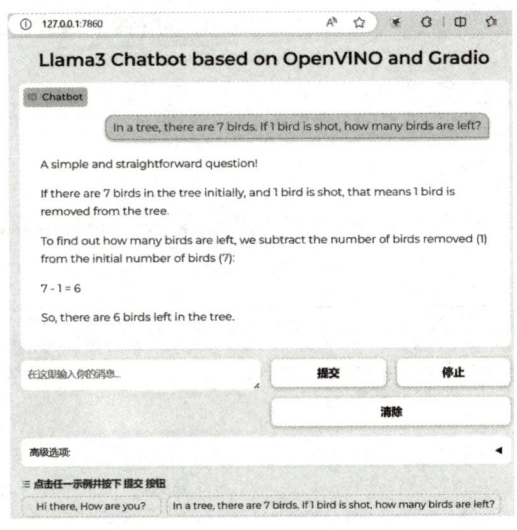

图 7-12　llama3_chatbot.py 运行结果

当在本地部署好聊天机器人后，就可以利用 AI 大模型的分析、总结、推理、数学、编程等能力，作为自己的工作小助手，提升工作效率，例如，请小助手编写 Python 代码，解决实际问题，如图 7-13 所示，范例题目来自 https://leetcode.com/problems/two-sum/。

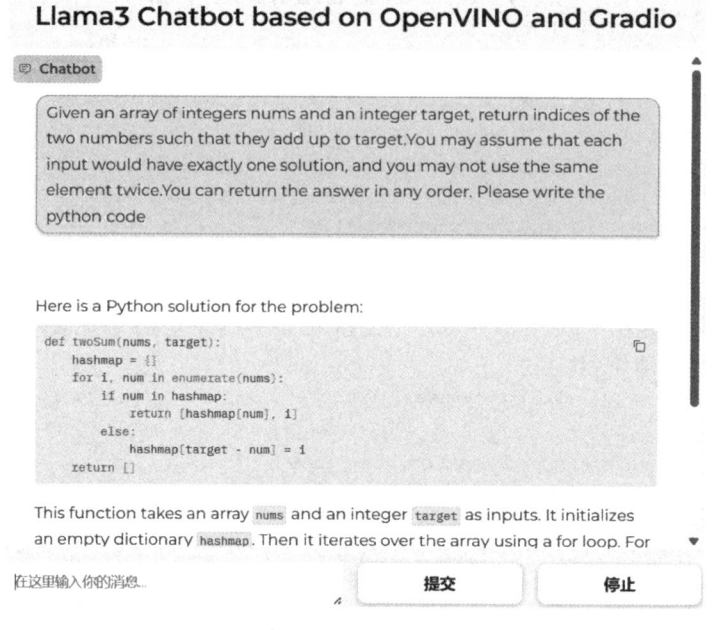

图 7-13　AI 小助手

在运行聊天机器人的过程中，你会发现机器人不知道最近发生的一些事件或问题，这是因为模型权重仅获取了训练截止日期之前的知识（knowledge cutoff date），如图 7-14 所示。

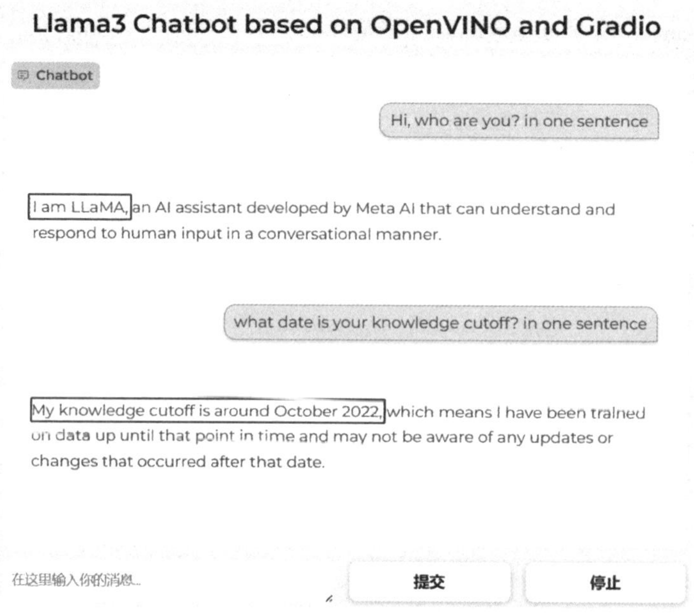

图 7-14　训练截止日期之前的知识

若要构建基于私有数据库知识或在模型训练截止日期之后引入新知识的 AI 应用,可以采用检索增强生成(Retrieval-Augmented Generation,RAG)技术。

7.4 基于 LangChain+Llama 3 模型实现 RAG

大语言模型通常在基于公开数据的大规模语料库上训练,相当于把大规模语料中蕴含的"知识"压缩到模型权重(参数化知识)中,这种参数化的知识有以下两个局限。

- **知识的时间限制**:由于训练数据具有截止时间,大语言模型对截止时间之后的新知识无法准确回应。例如,Llama 3 模型的 80 亿参数版本的知识更新截至 2023 年 3 月,如果询问 Llama 3 关于本书的相关问题,它将无法提供答案。
- **缺乏垂直领域的专业知识**:垂类行业的专业知识通常是企业的私有知识,无法在公开渠道获取,由此导致大语言模型因缺乏专业知识语料而无法准确回答专业性问题。例如,对于"A 生产线上的 B 设备出了什么问题?如何解决?"等专业性问题,大语言模型会回答"不知道"。

为解决上述问题,最简单的做法是把欠缺的知识加入语料库,重新训练模型;这种做法的弊端是耗时耗力,成本高昂。以从零开始训练一个 80 亿个参数的 Llama 3 模型为例,需要 130 万 H100 GPU 小时,消耗 91 万度电。

为了节省训练资源,另一种做法是基于专业知识语料库对大模型做 LoRA(Low-Rank Adaptation)微调,即保持原始模型参数不变,添加少量可训练参数,在专业知识语料库上训练添加的参数即可。这样做的好处是可以极大地节省训练资源,但也会引入"破坏"模型原有的泛化能力的问题。为确保模型经过微调后性能达到最佳,需要有丰富经验的人来精心调整超参数。

由上可见,用重新训练或微调这类把知识压缩到模型权重中的方式,对于广大中小企业来说,要么有资金挑战,要么有人才挑战。

7.4.1 RAG 简介

为了降低训练和微调的资金与技术门槛,2020 年,Lewis 等人提出了检索增强生成技术,其基本思路是,无须训练或微调大语言模型,只需要给大语言模型外挂一个专业知识库(非参数知识),即可解决大语言模型参数知识不足的问题。

这种思路有些像开卷考试,允许学生携带参考资料(类似外挂知识库)入场,无须学生在考试前,把参考资料中的知识记忆(类似训练或微调)到大脑中。

检索增强生成的典型工作流程有 3 步,如图 7-15 所示。

1)检索(Retrieve):将用户查询(Query)信息通过嵌入(Embedding)模型(如 bge-small-en-v1.5 模型)转换成向量,然后从保存外部知识的向量数据库(Vector database)中执行向量相似性(Vector Similarity)查询,返回最接近的前 k 个候选文档片段(Top-k chunks)。

2)增强(Augment):将初步检索得到的前 k 个候选文档片段输入重排序(Rerank)模型

（如 bge-reranker-large 模型），根据语义是否更加符合查询意图等指标，对候选文档片段进行重新排序；排序完毕后，选出前 n 个文档片段（Top-n chunks）作为上下文（Context），与用户查询一起被填充到提示词模板（Prompt Template）中，得到增强后的提示词。

3）生成（Generate）：经过检索增强的提示词送入大语言模型以生成更加精准的答案。

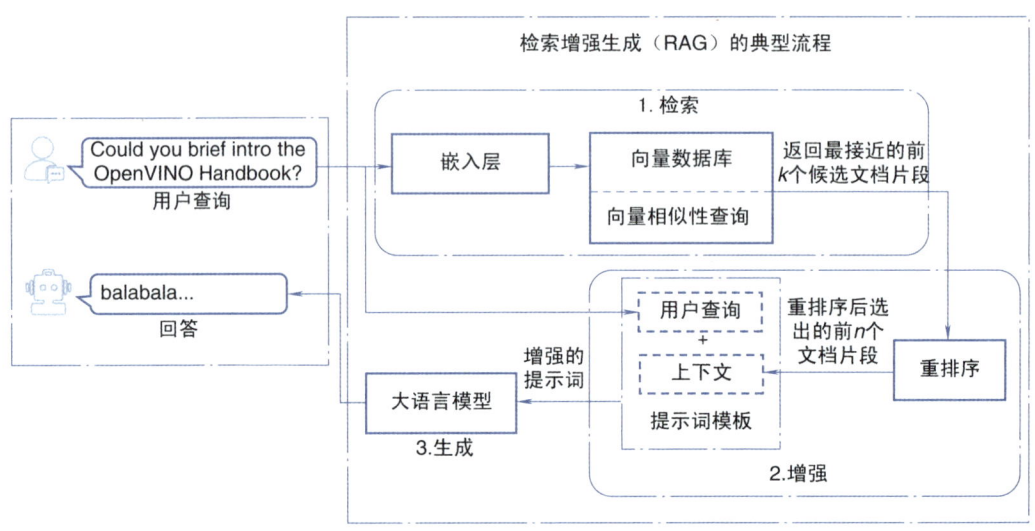

图 7-15　检索增强生成的典型工作流程

上文介绍了检索增强生成的基本思想和典型流程，其实实现该流程并不难，开发者无须手动编码，只需要使用 LangChain 框架将大语言模型和外部知识库连接（chain）到一起，即可实现检索增强生成。

7.4.2　LangChain 框架简介

LangChain 是一个用户友好、开源的软件框架，如图 7-16 所示，它通过组件（component）将大语言模型与外部资源连接起来，大大简化了以大型语言模型为核心的复杂 NLP（自然语言处理）应用的开发过程。

LangChain 常用组件介绍如下。

- 大语言模型（LLMs）模块：这是 LangChain 的基础组成部分，通过提供一个封装层来将不同大语言模型统一到相同的接口上，使开发者能够便捷地接入或更换各种大语言模型。
- 回调（Callbacks）模块：LangChain 设计了一套回调系统，允许用户在语言模型应用的不同阶段插入自定义逻辑。这一功能对日志记录、监控、数据流式传输以及其他辅助性任务尤其有用。
- 代理（Agents）模块：大语言模型仅输出文本，本身不具备执行动作的能力。代理利用大语言模型作为推理引擎来决定应采取哪些行动以及这些行动所需的输入是什么。这些行动产生的结果可以反馈回代理中，代理将进一步判断是需要执行更多动作还是已经可以完成任务。也就是说，LangChain 允许开发者构建智能体（7.5 节将会介绍），这些智能体能够运用大语言模型理解复杂情境、规划行动策略、执行具体操作,并根据反馈动态调整其行为,直至任务达成。

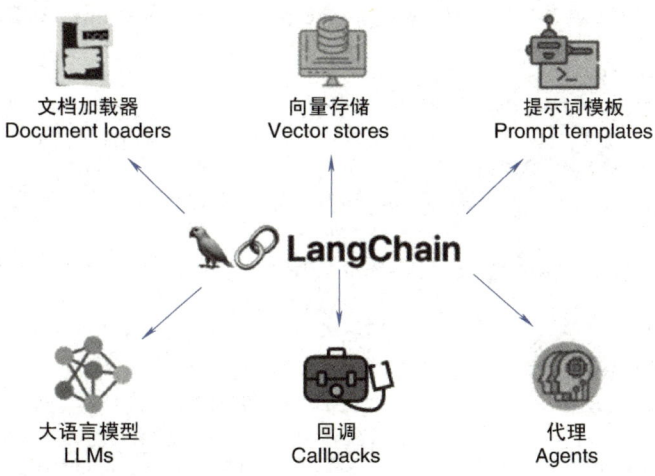

图 7-16　LangChain 常用组件概览

- 提示词模板(Prompt templates)模块:通过专门的类(如 PromptTemplate 类)来将用户的输入和参数转化为大语言模型可理解的提示词,这有助于指导模型如何响应,确保它能理解上下文并生成准确、连贯的文本输出。
- 向量存储(Vector stores)模块:通过调用嵌入模型来为每份文档生成数值型的嵌入向量,并将这些嵌入向量连同对应的文档一同保存在向量数据库中,从而极大地提高信息检索的效率和准确性。
- 文档加载器(Document loaders)模块:负责将多种不同类型的数据源转换为文本格式,以便后续处理,使得外部数据的访问变得更加简便。

更多的 LangChain 组件介绍,请参见:

https://python.langchain.com/v0.2/docs/concepts/#components

7.4.3　LangChain 框架对 OpenVINO™ 的支持

LangChain 框架已支持 OpenVINO™ 作为推理后端,可以通过 HuggingFacePipeline 类、OpenVINOBgeEmbeddings 类和 OpenVINOReranker 类来载入 OpenVINO™ IR 格式的大语言模型(如 Llama 3)、bge-small-en-v1.5 模型和 bge-reranker-large 模型。

首先,请按 7.2.1 节所述,安装 Optimum Intel,然后下载 Meta-Llama-3-8B,并用 optimum-cli 命令实现 Meta-Llama-3-8B 的 INT4 量化。

然后,请安装 LangChain 框架以及相关的依赖包:

```
pip install langchain langchain-community langchain-cli langchainhub python-docx pypdf faiss-cpu
```

接着，使用 HuggingFacePipeline 类载入 Llama 3 模型，并指定 OpenVINO™ 为推理后端，实现推理计算，如代码清单 7-7 所示。

代码清单 7-7　用 HuggingFacePipeline 类载入 Llama 3 模型

```python
# 导入 HuggingFacePipeline 类
from langchain_community.llms.huggingface_pipeline import HuggingFacePipeline

# 指定 Llama 3 INT4 模型的本地路径
model_dir = r"D:\chapter_7\llama3_int4_ov"

# 设定推理设备为 CPU,可根据实际情况改为"GPU"或"AUTO"
DEVICE = "CPU"

# 设置 OpenVINO 编译模型的配置参数,这里优先考虑低延迟
ov_config = {"PERFORMANCE_HINT": "LATENCY", "NUM_STREAMS": "1", "CACHE_DIR": ""}

# 输入的问题示例,可以更改
question = "What is Open VINO?"

# 实例化 HuggingFacePipeline 类,并指定参数 backend="openvino"
llama3 = HuggingFacePipeline.from_model_id(
    model_id=str(model_dir),
    task="text-generation",
    backend="openvino",
    model_kwargs={
        "device": DEVICE,
        "ov_config": ov_config,
        "trust_remote_code": True,
    },
    pipeline_kwargs={"max_new_tokens": 100},
)
# 显示推理结果
print(llama3.invoke(question))
```

完整代码参见 llama3_HuggingFacePipeline.py，其运行结果如图 7-17 所示。

```
(llm) D:\chapter_7>python llama3_HuggingFacePipeline.py
Special tokens have been added in the vocabulary, make sure the a
ssociated word embeddings are fine-tuned or trained.
The argument `trust_remote_code` is to be used along with export=
True. It will be ignored.
Compiling the model to CPU ...
OpenVINO (Open Visual Inference and Neural Network Optimization) is
 an open-source toolkit from Intel that accelerates deep learning i
nference on various hardware platforms, including CPUs, GPUs, FPGAs
, and specialized Intel hardware like Movidius VPUs.

**Here's a breakdown of its key features and benefits:**
```

图 7-17　llama3_HuggingFacePipeline.py 运行结果

载入 Llama 3 模型后，使用 OpenVINOBgeEmbeddings 类和 OpenVINOReranker 类来载入 bge-small-en-v1.5 与 bge-reranker-large 模型。

首先，从 ModelScope 网站下载 bge-small-en-v1.5 和 bge-reranker-large 模型：

```
git clone https://www.modelscope.cn/Xorbits/bge-small-en-v1.5.git
git clone https://www.modelscope.cn/Xorbits/bge-reranker-large.git
```

然后，用 optimum-cli 命令导出 bge-small-en-v1.5 和 bge-reranker-large 的 OpenVINO™ IR 格式模型：

```
optimum-cli export openvino --model d:/bge-small-en-v1.5 --task feature-extraction bge-small-en-v1.5_ov        # 将 bge-small-en-v1.5 导出为 OpenVINO™ IR 格式模型
optimum-cli export openvino --model d:/bge-reranker-large --task text-classification bge-reranker-large_ov    # 将 bge-reranker-large 导出为 OpenVINO™ IR 格式模型
```

接着，使用 OpenVINOBgeEmbeddings 类载入 bge-small-en-v1.5 模型，使用 OpenVINOReranker 类载入 bge-reranker-large 模型，如代码清单 7-8 所示。

代码清单 7-8　载入 bge-small-en-v1.5 和 bge-reranker-large 模型

```python
# 导入 OpenVINOReranker 用于文档重排序，导入 OpenVINOBgeEmbeddings 用于生成文本嵌入向量
from langchain_community.document_compressors.openvino_rerank import OpenVINOReranker
from langchain_community.embeddings import OpenVINOBgeEmbeddings

# 设置重排序模型的目录路径
rerank_model_dir = r"D:\chapter_7\bge-reranker-large_ov"

# 初始化 OpenVINOReranker 对象，指定模型路径，设置运行设备为 CPU，并设置返回的最相关文档数量为 2
reranker = OpenVINOReranker(
    model_name_or_path=rerank_model_dir,
    model_kwargs={"device": "CPU"},
    top_n=2,
)

# 设置嵌入模型的目录路径
embedding_model_dir = r"D:\chapter_7\bge-small-en-v1.5_ov"

# 定义嵌入模型的运行参数，包括指定设备为 CPU，启用编译优化，以及编码时的一些选项
embedding_model_kwargs = {"device": "CPU", "compile": True}
encode_kwargs = {
    "mean_pooling": False,              # 不使用平均池化
    "normalize_embeddings": True,       # 对嵌入向量进行归一化处理
    "batch_size": 4,                    # 批处理大小设为 4
}

# 初始化 OpenVINOBgeEmbeddings 对象，传入模型路径、模型参数和编码参数
embedding = OpenVINOBgeEmbeddings(
    model_name_or_path=embedding_model_dir,
    model_kwargs=embedding_model_kwargs,
    encode_kwargs=encode_kwargs,
)
```

```python
# 定义待处理的文本
text = "This is a test document."

# 使用定义好的嵌入模型对文本进行嵌入向量计算
embedding_result = embedding.embed_query(text)

# 输出嵌入向量的前 3 个元素
print(embedding_result[:3])
```

完整代码参见 openvino_rerank_embedding.py，其运行结果如图 7-18 所示。

```
(llm) D:\chapter_7>python openvino_rerank_embedding.py
Compiling the model to CPU ...
Compiling the model to CPU ...
[-0.042086612433195114, 0.06681863963603973, 0.007916754111647606]
```

图 7-18　openvino_rerank_embedding.py 运行结果

使用 LangChain 将大语言模型、嵌入模型和文档重排序模型载入后，就可以用 LangChain 的组件来构建 RAG 工作流了。

7.4.4　RAG 系统的代码实现

7.4.1 节介绍的 RAG 典型工作流程又可以表述为如下 4 步。

1）加载文档。
2）分割文档。
3）存储分割后的文档。
4）创建 RAG 工作流水线。

接下来，将详细介绍这 4 个步骤。

第一步：加载文档。从 langchain_community.document_loaders 模块中导入多个文档加载器类，用于读取不同格式的文件，如代码清单 7-9 所示。

代码清单 7-9　加载文档

```python
# 从 langchain_community.document_loaders 模块中导入多个文档加载器类,用于读取不同格式的文件
from langchain_community.document_loaders import (
    CSVLoader,                          # 用于加载 CSV 文件
    PyPDFLoader,                        # 用于加载 PDF 文件
    TextLoader,                         # 用于加载纯文本文件
)
# 定义一个字典,存储文件扩展名与对应的文档加载器类及其初始化参数
LOADERS = {
    ".csv": (CSVLoader, {}),                              # CSV 文件加载器
    ".pdf": (PyPDFLoader, {}),                            # PDF 文件加载器
    ".txt": (TextLoader, {"encoding": "utf8"}),           # 纯文本文件加载器,指定编码为 UTF-8
}
# 定义 load_single_document 函数,用于加载单个文档
def load_single_document(file_path: str) -> List[Document]:
```

```python
# 获取文件扩展名
ext ="." + file_path.rsplit(".", 1)[-1]
# 检查扩展名是否在 LOADERS 字典中
if ext in LOADERS:
    # 获取对应的加载器类和参数
    loader_class, loader_args = LOADERS[ext]
    # 创建加载器实例并加载文档
    loader = loader_class(file_path, **loader_args)
    return loader.load()
```

第二步：分割文档。文本分割器会将大的文档内容切分成小块，如代码清单 7-10 所示。这一操作对索引数据和将其输入到模型都非常有用，因为较大的文本块不仅搜索效率低，而且可能超出模型有限的上下文窗口。

代码清单 7-10　定义文本分割器

```python
# 定义一个字典,存储各种文本分割器的名称与对应的类
TEXT_SPLITTERS = {
    "Character": CharacterTextSplitter,                              # 字符分割器
    "RecursiveCharacter": RecursiveCharacterTextSplitter,            # 递归字符分割器
    "Markdown": MarkdownTextSplitter,                                # Markdown 文本分割器
}
```

第三步：存储分割后的文档。需要创建 Vector Store（向量数据库）来存储和索引这些分割后的小块内容，以便后续进行高效搜索，如代码清单 7-11 所示。

代码清单 7-11　创建向量数据库

```python
# 定义 create_vectordb 函数,用于初始化向量数据库
def create_vectordb(docs, spliter_name, chunk_size, chunk_overlap, vector_search_top_k,
vector_search_top_n, run_rerank, search_method, score_threshold):
    """
    初始化向量数据库。

    参数:
        docs: 用户提供的原始文档列表
        spliter_name: 分割器名称,用于确定文本分割策略
        chunk_size: 单个句子块的大小
        chunk_overlap: 两个句子块之间的重叠大小
        vector_search_top_k: 向量搜索的 top-k 值
        vector_search_top_n: 重新排序后保留的 top-n 值
        run_rerank: 是否执行重新排序步骤
        search_method: 向量存储使用的搜索方法
        score_threshold: 相似度得分阈值

    """
    # 初始化空的文档列表
    documents = []
    # 遍历所有原始文档,加载并扩展到 documents 列表
    for doc in docs:
```

```python
        documents.extend(load_single_document(doc.name))

    # 使用指定的分割器名称创建文本分割器实例
    text_splitter = TEXT_SPLITTERS[spliter_name](chunk_size=chunk_size, chunk_overlap=chunk_overlap)

    # 使用文本分割器将文档分割成更小的文本块
    texts = text_splitter.split_documents(documents)

    # 初始化全局变量 db，使用 FAISS 向量数据库从文本块构建向量索引
    global db
    db = FAISS.from_documents(texts, embedding)

    # 初始化全局变量 retriever，设置向量检索器
    global retriever
    if search_method == "similarity_score_threshold":
        # 如果搜索方法是基于相似度得分阈值的，则设置相应的参数
        search_kwargs = {"k": vector_search_top_k, "score_threshold": score_threshold}
    else:
        # 否则，只设置 top-k 参数
        search_kwargs = {"k": vector_search_top_k}
    retriever = db.as_retriever(search_kwargs=search_kwargs, search_type=search_method)
    # 如果需要运行重新排序，则创建上下文压缩检索器
    if run_rerank:
        reranker.top_n = vector_search_top_n
        retriever = ContextualCompressionRetriever(base_compressor=reranker, base_retriever=retriever)
    # 初始化 PromptTemplate 实例
    prompt = PromptTemplate.from_template(rag_prompt_template)

    # 初始化全局变量 combine_docs_chain，用于创建文档合并链
    global combine_docs_chain
    combine_docs_chain = create_stuff_documents_chain(llama3, prompt)

    # 初始化全局变量 rag_chain，用于创建检索链
    global rag_chain
    rag_chain = create_retrieval_chain(retriever, combine_docs_chain)

    # 返回数据库准备完成的消息
    return "Vector database is Ready"
```

第四步：创建 RAG 工作流水线。使用 LangChain 的 create_retrieval_chain 函数创建 RAG 组件调用链，连接向量数据库、大语言模型、检索器和嵌入模型等，如代码清单 7-12 所示。

代码清单 7-12 创建 RAG 工作流水线

```python
# 定义 update_retriever 函数，用于更新检索器
def update_retriever(vector_search_top_k, vector_rerank_top_n, run_rerank, search_method, score_threshold):
```

```python
    # 初始化全局变量 retriever 和 db
    global retriever
    global db
    # 初始化全局变量 rag_chain 和 combine_docs_chain
    global rag_chain
    global combine_docs_chain

    # 根据搜索方法设置搜索参数
    if search_method == "similarity_score_threshold":
        search_kwargs = {"k": vector_search_top_k, "score_threshold": score_threshold}
    else:
        search_kwargs = {"k": vector_search_top_k}
    # 更新检索器
    retriever = db.as_retriever(search_kwargs=search_kwargs, search_type=search_method)
    # 如果需要运行重新排序,则创建上下文压缩检索器并更新 reranker 的 top_n 参数
    if run_rerank:
        retriever = ContextualCompressionRetriever(base_compressor=reranker, base_retriever=retriever)
        reranker.top_n = vector_rerank_top_n
    # 重新创建检索链
    rag_chain = create_retrieval_chain(retriever, combine_docs_chain)

# 定义 bot 函数,用于处理聊天机器人的消息生成逻辑
def bot(history, temperature, top_p, top_k, repetition_penalty, hide_full_prompt, do_rag):
    # 创建 TextIteratorStreamer 实例,用于流式处理生成的文本
    streamer = TextIteratorStreamer(
        llama3.pipeline.tokenizer,                # 使用的 tokenizer 实例
        timeout=60.0,                             # 流式处理超时时间
        skip_prompt=hide_full_prompt,             # 是否跳过 prompt
        skip_special_tokens=True,                 # 是否跳过特殊标记
    )
    # 设置 llama3.pipeline 的 _forward_params 属性,用于控制文本生成过程中的参数
    llama3.pipeline._forward_params = dict(
        max_new_tokens=512,                       # 最大生成的新标记数量
        temperature=temperature,                  # 温度参数
        do_sample=temperature > 0.0,              # 是否采用随机采样
        top_p=top_p,                              # top-p 参数
        top_k=top_k,                              # top-k 参数
        repetition_penalty=repetition_penalty,    # 重复惩罚参数
        streamer=streamer,                        # 流式处理器实例
    )
    # 如果 stop_tokens 非空,则设置 stopping_criteria 参数,用于控制文本生成的停止条件
    if stop_tokens is not None:
        llama3.pipeline._forward_params["stopping_criteria"] = StoppingCriteriaList(stop_tokens)

    # 判断是否执行 RAG,根据 do_rag 参数决定调用 rag_chain.invoke 或 llama3.invoke
    if do_rag:
```

```python
# 使用 rag_chain.invoke 异步处理 RAG,传入对话历史记录的最后一条用户输入
t1 = Thread(target=rag_chain.invoke, args=({"input": history[-1][0]},))
else:
    # 格式化输入文本,如果 do_rag 为 False,则直接使用用户输入,context 设为空字符串
    input_text = rag_prompt_template.format(input=history[-1][0], context="")
    t1 = Thread(target=llama3.invoke, args=(input_text,))
# 启动异步处理线程
t1.start()

# 初始化一个空字符串,用于存储生成的文本
partial_text = ""
# 循环遍历流式处理器产生的新文本
for new_text in streamer:
    # 调用 text_processor 函数处理部分生成的文本和新生成的文本
    partial_text = text_processor(partial_text, new_text)
    # 更新对话历史记录中最后一条记录的助手回应
    history[-1][1] = partial_text
    # 生成一个迭代器,用于产出每次更新后的对话历史记录
    yield history
```

基于 Llama 3 和 LangChain 的 RAG 系统的完整代码,参见 llama3_rag_langchain.py,其运行结果如图 7-19 所示。范例程序使用的 *A Survey of Large Language Models* 文档（https://arxiv.org/pdf/2303.18223）作为本地知识库。

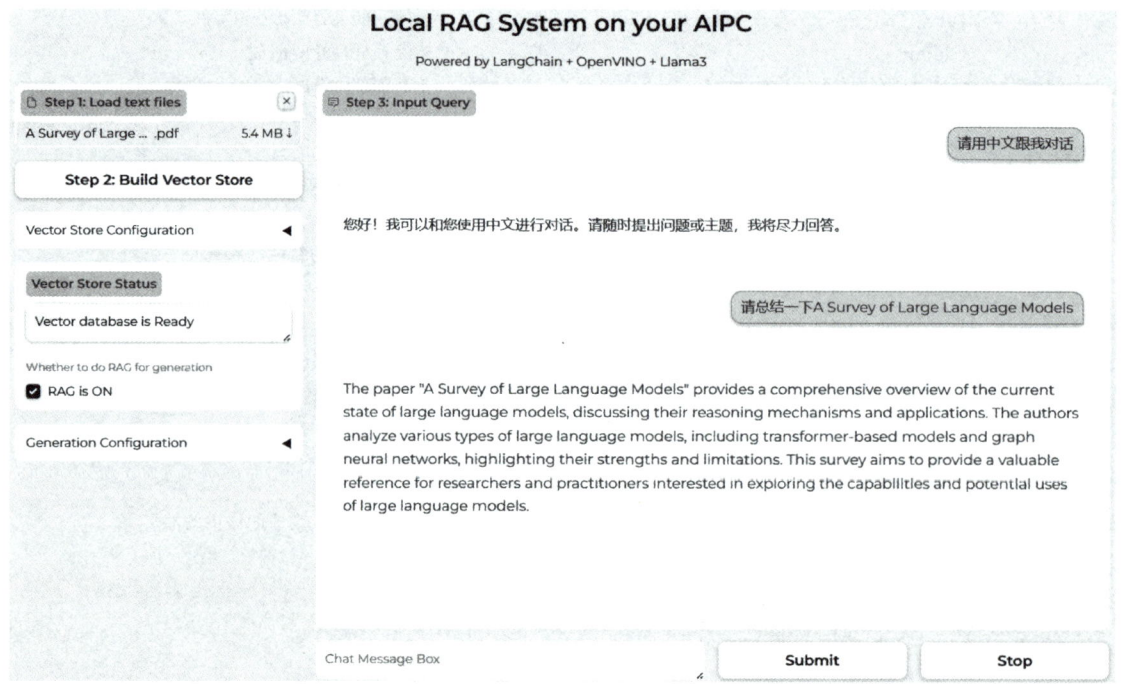

图 7-19　基于 Llama 3 和 LangChain 的 RAG 系统

7.5 基于 LangChain+Llama 3 模型实现 AI Agent

上一节介绍了如何使用 RAG 的方式为大语言模型外挂一个知识库，这相当于为大语言模型的参数化知识增强了向量数据库化知识，然而，这种增强仅限于认知层面，大语言模型仍然缺乏自主执行任务的能力。

为了让大语言模型具备执行任务的功能，就需要为其添加执行组件，从而构建出 AI Agent（AI 智能体，亦称 AI 代理）。AI Agent 是一种能够理解人类语言、感知环境、分析信息、作出决策并执行相应任务的软件或硬件实体。通过这种方式，大语言模型不仅能够思考，还能采取行动，真正成为一个全方位的智能助手。

7.5.1 基于 LLM 的 AI Agent 简介

AI Agent 是指以大语言模型为核心组件的纯软件或软硬结合的人工智能实体，它能够理解人类语言、感知环境、自主作出决策并能调用函数形式的工具完成任务（行动），如图 7-20 所示。

- 感知：收集数据，理解环境。例如，读取邮件、浏览网页。
- 决策：根据收集的信息和目标，制定行动计划。例如，识别重要邮件、总结网页内容。
- 行动：执行计划，与环境互动。例如，回复邮件、整合信息到文档。

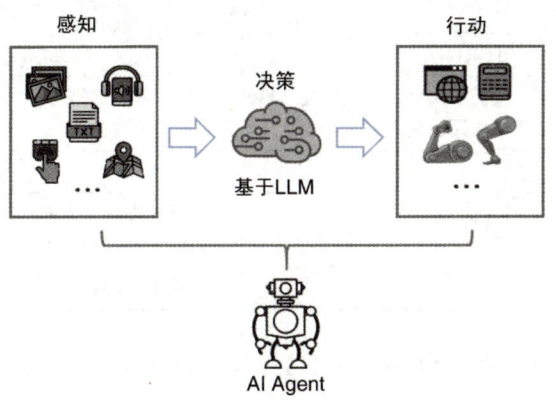

图 7-20 基于 LLM 的 AI Agent

AI Agent 的目标是代替或辅助人类完成复杂任务，提高自动化和智能化水平。

7.5.2 常见的开发 AI Agent 的框架

当前，用于开发 AI Agent 应用的框架有很多，比较知名的有 LangChain 和 ModelScope-Agent，二者都能方便、快捷地实现 Agent Pipeline（智能体工作流水线），如图 7-21 所示。

从学习难易度、文档成熟性、社区支持和平台集成等方面比较，LangChain 和 ModelScope-Agent 都展示出了各自的优势，见表 7-1，简单来说，二者都好学好用，若应用部署在阿里云上，则优先选择 ModelScope-Agent。

图 7-21　智能体工作流水线

表 7-1　LangChain 与 ModelScope-Agent 对比

比较项	框架	
	LangChain	ModelScope-Agent
学习难易度	均易学易用，仅需要实例化角色描述、LLM 名称、工具名列表，即可实现一个 Agent 应用，框架内部自动实现工具使用、规划、记忆等工作流的编排	
文档成熟性	成熟	发展速度快
社区支持	好且活跃，当前已有 2.9k+贡献者	发展速度快，在 GitHub 榜单上获得#11 Repository of the Day；ModelScope 社区支持
平台集成	众多云支持	与阿里云的集成非常好

为了与 7.4 节保持框架上的一致性，本书选择基于 LangChain 实现 AI Agent 应用。

7.5.3　AI Agent 的代码实现

为了聚焦展示 AI Agent 应用的构建过程，本范例不使用 Gradio 构建 WebUI，而是直接使用 LangChain 自带的 Agent 模块将查询实时天气的工具和大语言模型绑定到一起，创建一个可以根据用户输入，查询指定城市实时天气的 AI Agent。整个创建过程分为以下 4 步。

第一步：使用 langchain-community 的 HuggingFacePipeline 类载入 LLM，并设置停止条件，如代码清单 7-13 所示。本范例沿用前面已经完成 INT4 量化的 Llama 3 模型。

代码清单 7-13　载入 Llama 3 模型

```
# 导入必要的库和模块
from langchain_community.llms.huggingface_pipeline import HuggingFacePipeline
```

```python
from langchain_community.utilities import OpenWeatherMapAPIWrapper
from transformers.generation.stopping_criteria import StoppingCriteriaList, StoppingCriteria

# 第一步:使用 HuggingFacePipeline 载入 LLM,并设置停止条件
model_dir = r"D:\chapter_7\llama3_int4_ov"   # 设置 LLM 路径

# 定义序列停止生成判断标准的类
class StopSequenceCriteria(StoppingCriteria):
    """
    当遇到特定的令牌序列时,此类可以用于停止文本生成。

    参数:
        stop_sequences (`str` 或 `List[str]`):
            停止执行的序列(或序列列表)。
        tokenizer:
            用于解码模型输出的分词器。
    """

    # 构造函数初始化停止序列和分词器
    def __init__(self, stop_sequences, tokenizer):
        if isinstance(stop_sequences, str):
            stop_sequences = [stop_sequences]
        self.stop_sequences = stop_sequences
        self.tokenizer = tokenizer

    # 调用方法检查输出是否包含停止序列
    def __call__(self, input_ids, scores, **kwargs) -> bool:
        decoded_output = self.tokenizer.decode(input_ids.tolist()[0])
        # 如果解码后的输出以任一停止序列结尾,则返回 True,停止生成
        return any(decoded_output.endswith(stop_sequence) for stop_sequence in self.stop_sequences)

# 设置 OpenVINO 编译模型的配置参数,这里优先考虑低延迟
ov_config = {"PERFORMANCE_HINT": "LATENCY", "NUM_STREAMS": "1", "CACHE_DIR": ""}
# 设定停止生成文本的标记,当模型输出这些标记时,会停止继续生成
stop_tokens = ["Observation:"]

# 从指定的模型目录加载模型到 HuggingFacePipeline 中
# 指定任务为文本生成(text-generation)
# 使用 OpenVINO 作为后端以加速推理
# 设定模型参数,包括运行在 GPU.1 上、配置 OpenVINO 环境、允许信任远程代码
# 设置管道参数,最大新生成的 Token 数量为 2048
llama3 = HuggingFacePipeline.from_model_id(
    model_id=str(model_dir),
    task="text-generation",
    backend="openvino",
    model_kwargs={
```

```python
        "device": "GPU",  # LLM 的推理设备
        "ov_config": ov_config,
        "trust_remote_code": True,
    },
    pipeline_kwargs={"max_new_tokens": 2048},
)

# 绑定额外的参数到 pipeline 上,跳过提示,设定停止生成的序列
llama3 = llama3.bind(skip_prompt=True, stop=["Observation:"])
tokenizer = llama3.pipeline.tokenizer
llama3.pipeline._forward_params["stopping_criteria"] = StoppingCriteriaList([StopSequenceCriteria(stop_tokens, tokenizer)])
```

第二步:使用 langchain-community 的 OpenWeatherMapAPIWrapper 类将天气查询工具封装为 LangChain 框架可使用的工具,如代码清单 7-14 所示。

代码清单 7-14 定义并封装天气查询工具

```python
# 第二步:定义并封装天气查询工具
# 设置 OpenWeatherMap API 密钥: https://home.openweathermap.org/
os.environ['OPENWEATHERMAP_API_KEY'] = 'c6ed13df5cb08087275e0b65c7b19d85'

# 创建 OpenWeatherMapAPIWrapper 工具实例
weather_api = OpenWeatherMapAPIWrapper()

# 定义工具的输入参数
class WeatherInput(BaseModel):
    location: str = Field(..., description="The location for which to get the weather.")

# 将 OpenWeatherMapAPIWrapper 包装成 LangChain 的 Tool
# 导入基础工具类
from langchain.tools.base import BaseTool

# 定义一个获取天气的工具类
class GetWeatherTool(BaseTool):
    # 工具名称
    name = "Get Weather"
    # 描述该工具的用途
    description = "Useful for getting the weather in a specific location."
    # 设置工具接受的参数模式,这里假设 WeatherInput 是一个定义好的数据类
    args_schema = WeatherInput

    # 定义同步执行方法,接收地点参数,返回天气 API 查询结果
    def _run(self, location: str):
        return weather_api.run(location)

    # 异步执行方法尚未实现,抛出异常
    async def _arun(self, location: str):
        raise NotImplementedError("This tool does not support async")
```

第三步：使用 LangChain 的 AgentExecutor 和 ZeroShotAgent 类来创建 AI Agent，并将 LLM 和工具与之绑定到一起，如代码清单 7-15 所示。

代码清单 7-15　创建 AI Agent

```python
# 第三步:创建 Agent,并将它与 LLM 和工具绑定到一起
# 创建 Zero-Shot Agent 实例,使用预定义的 LLM 和工具列表
agent = ZeroShotAgent.from_llm_and_tools(
    llm=llama3,                          # 预训练语言模型
    tools=[GetWeatherTool()],            # 工具列表,包含上文定义的 GetWeatherTool 类
    agent_type=AgentType.ZERO_SHOT_REACT_DESCRIPTION  # Agent 类型为 Zero-Shot
)

# 初始化 Agent 执行器,绑定 Agent 和工具,并开启详细输出和错误处理
agent_executor = AgentExecutor.from_agent_and_tools(
    agent=agent,                         # 已创建的 Agent 实例
    tools=[GetWeatherTool()],            # 再次指定工具列表,确保 Agent 可以访问这些工具
    verbose=True,                        # 开启详细输出
    handle_parsing_errors=True           # 错误处理开关,开启后可以捕获并处理解析错误
)
```

第四步：使用 AI Agent 来查询天气，并输出结果，如代码清单 7-16 所示。

代码清单 7-16　运行 AI Agent

```python
# 第四步:运行 Agent 来查询天气
response = agent_executor.invoke("What's the weather like in Shanghai, CN?")
print(response)
```

到此，一个简单的 AI Agent 应用开发完毕，完整代码参见 llama3_agent_langchain.py，运行结果如图 7-22 所示。

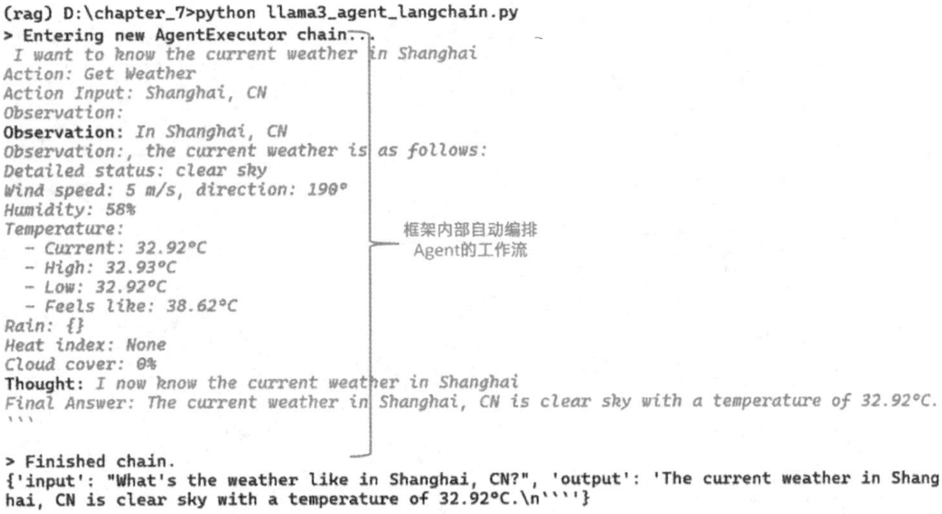

```
(rag) D:\chapter_7>python llama3_agent_langchain.py
> Entering new AgentExecutor chain...
 I want to know the current weather in Shanghai
Action: Get Weather
Action Input: Shanghai, CN
Observation:
Observation: In Shanghai, CN
Observation:, the current weather is as follows:
Detailed status: clear sky
Wind speed: 5 m/s, direction: 190°
Humidity: 58%
Temperature:
  - Current: 32.92°C
  - High: 32.93°C
  - Low: 32.92°C
  - Feels like: 38.62°C
Rain: {}
Heat index: None
Cloud cover: 0%
Thought: I now know the current weather in Shanghai
Final Answer: The current weather in Shanghai, CN is clear sky with a temperature of 32.92°C.
'''
> Finished chain.
{'input': "What's the weather like in Shanghai, CN?", 'output': 'The current weather in Shanghai, CN is clear sky with a temperature of 32.92°C.\n'''}
```

（框架内部自动编排 Agent 的工作流）

图 7-22　llama3_agent_langchain.py 运行结果

7.6 本章小结

本章介绍了大语言模型的技术演进及其推理计算优化技术，并推荐使用易学易用的 Optimum Intel 工具包或 OpenVINO™ GenAI 来实现大语言模型的推理计算。为了提升大语言模型的易用性，介绍了如何使用 Gradio 构建 Web 用户界面（WebUI）来实现基于大语言模型的聊天机器人应用。此外，为了突破大语言模型参数化知识的局限性，本章探讨了使用 LangChain 构建检索增强生成（RAG）应用的方法。最后，为了赋予大语言模型执行任务的能力，本章还阐述了使用 LangChain 构建 AI Agent 应用的相关内容。

第 8 章
Stable Diffusion 模型的优化与部署

生成式人工智能（Generative AI）泛指一系列能够生成新的、独特内容（如文本、图像、视频和音乐等）的人工智能模型，其中包括生成对抗网络（GAN）、基于 Transformer 架构的模型（详见第 7 章），以及基于扩散过程（diffusion process）的模型等。

- 大型语言模型：主要实现文本到文本（Text-to-text）的生成任务，常应用于自然语言处理任务，如语言翻译、文本摘要和聊天机器人等场景。
- 扩散模型（Diffusion Model）：主要用于实现文本到图像（Text-to-Image）的生成任务，能够根据给定的文本描述生成高质量的图像，广泛应用于创意、设计、媒体等领域。

本章将介绍如何使用 OpenVINO™ 实现稳定扩散模型 3（Stable Diffusion 3）的优化与部署。阅读本章前，请先复制本书的范例代码仓到本地：

```
git clone https://github.com/openvino-book/openvino_handbook.git
```

8.1 扩散模型简介

扩散模型是一种生成模型，其核心思想是：既然可以通过逐步向图像中添加噪声，直至图像完全退化为随机噪声（前向扩散过程），那么也可以从随机噪声开始，逐步减去噪声，从而生成清晰的图像（反向去噪扩散过程），如图 8-1 所示。

- 前向扩散过程（Forward Diffusion Process）：从原始数据 X 开始，每个步骤都会添加高斯噪声到上一步的数据中，直到第 N 步图像完全被噪声覆盖，成为纯粹的随机噪声。
- 反向去噪扩散过程（Reverse Denoising Diffusion Process）：从高斯噪声开始，每个步骤都会从上一步的数据中减去一个噪声，噪声水平随着步骤增多而减小，直到步骤 N，噪声达到 0，此时重构出一个干净清晰的图像。

反向去噪扩散过程的核心思想在于：训练一个能够预测噪声的神经网络（例如，U-Net），并通过逐步去除所预测的噪声成分，最终生成清晰的图像，如图 8-2 所示。

从图 8-2 中可见，直接在图像像素空间上使用 U-Net 预测噪声的计算量太大，例如，生成一张 1024×1024 像素的高清图片时，每一步噪声预测都需要将 1024×1024×3 的数据量输入到 U-Net，并输出相同尺寸的预测噪声，这将极大地消耗计算资源，导致训练和推理成本高昂。

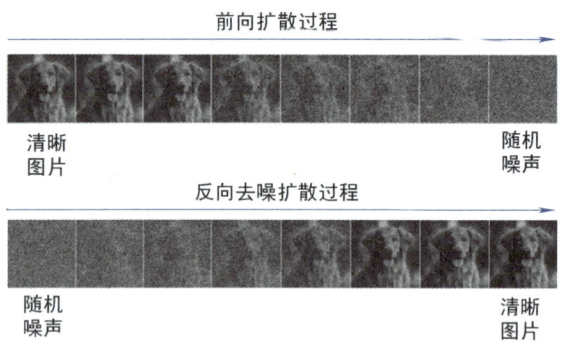

图 8-1　前向扩散过程与反向去噪扩散过程

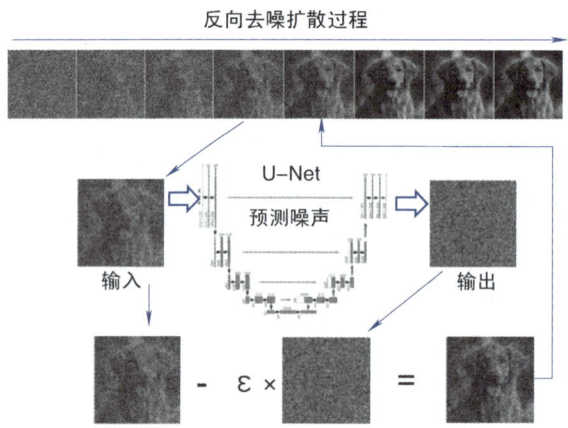

图 8-2　预测噪声并逐步去除，直到获得清晰的图像

为了显著降低计算量，Robin Rombach 等人提出了一种方法：通过编码器将图像语义压缩到潜空间（Latent Space），然后在此潜空间内实现前向扩散过程；在反向去噪扩散过程中，再通过解码器将潜空间中的去噪数据解码为图像，如图 8-3 所示。这种在潜空间中逐步从噪声中恢复数据，并最终通过解码器将潜空间数据解码为图像的模型称为潜在扩散模型（Latent Diffusion Model）。

图 8-3　潜在扩散模型

由于潜在扩散模型不仅能生成高质量的图像，还具有比传统扩散模型更高的计算效率，因此它迅速获得了学术界与工业界的广泛认可和应用。

Stable Diffusion 模型是基于潜在扩散模型架构的一个知名开源模型系列，其源代码和模型权重均对公众开放，由社区进行支持。

Stable Diffusion 模型的 GitHub 地址：https://github.com/CompVis/stable-diffusion。

8.2 Stable Diffusion 系列模型的技术演进

2021 年，RunwayML 和 CompVis 研究团队开始合作研发 Stable Diffusion 模型，并发表了论文 *High-Resolution Image Synthesis with Latent Diffusion Models*，奠定了 Stable Diffusion 模型的理论基础。在此过程中，Stability AI 公司提供了计算资源支持。

2022 年 8 月，CompVis 先后发布了 Stable Diffusion V1.1、V1.2、V1.3 和 V1.4 版本。

2022 年 10 月，RunwayML 发布了 Stable Diffusion V1.5，该版本在包含 23 亿个图像-文本对的 LAION-5B 数据集上进行了预训练。

2022 年 11 月，Stability AI 发布了 Stable Diffusion V2.0。该模型在经过过滤后的 LAION-5B 子集上，以 256×256 像素的分辨率从头开始训练。

2023 年 7 月，Stability AI 发布了 Stable Diffusion XL（SDXL）1.0，其基础模型拥有 35 亿个参数。

2023 年 11 月，Stability AI 从 SDXL 中蒸馏出 Stable Diffusion XL Turbo，使其能够以更少的扩散步骤运行。

2024 年 6 月，Stability AI 发布了基于 Multimodal Diffusion Transformer（MMDiT）架构的 Stable Diffusion 3 系列模型，并开源了 Stable Diffusion 3 Medium 的模型权重（https://huggingface.co/stabilityai/stable-diffusion-3-medium），使得用户可以下载这些权重并在本地部署。

Stable Diffusion 3 Medium 模型（简称 SD3 Medium）在 10 亿张图像上进行了预训练，在 3000 万张高质量审美图像和 300 万张带偏好的图像上进行了微调，生成的图片具有极佳的整体质量和照片级真实感，如图 8-4 所示，能够满足大多数图片创作场景需求。

图 8-4　SD3 Medium 生成的图片（引用自 https://stability.ai/news/stable-diffusion-3-medium）

8.3 优化和部署 Stable Diffusion 3 Medium 模型

由于当前 Stable Diffusion 3 系列模型仅开源了 Medium 版本的模型权重，因此本书主要介绍如何使用 OpenVINO™ 实现 SD3 Medium 模型的优化与部署。

从推理计算的角度看，SD 3 Medium 模型主要由 3 个关键组件构成，如图 8-5 所示。

- 文本编码器（Text Encoder）：SD3 Medium 模型采用了 3 个文本编码器：CLIP-G/14、CLIP-L/14 和 T5-XXL，将用户提示词编码成词向量。在推理计算时，移除 47 亿参数的 T5-XXL 文本编码器，可以在仅轻微影响图片生成质量的同时，显著提升推理速度。
- MMDiT：一种用于处理多模态数据（如图像和文本）的 Transformer 架构，能够在图像和文本之间建立紧密的联系。它不仅可用于根据给定的文字描述生成相应的图像，还可以用于生成关于给定图像的描述性文本。
- 变分自动编码器（Variational Autoencoder, VAE）：它通过学习数据的潜在空间表示来进行高效的数据重建和生成新样本。在推理计算过程中，使用 VAE 解码器将潜在空间表示转换回高分辨率图像。

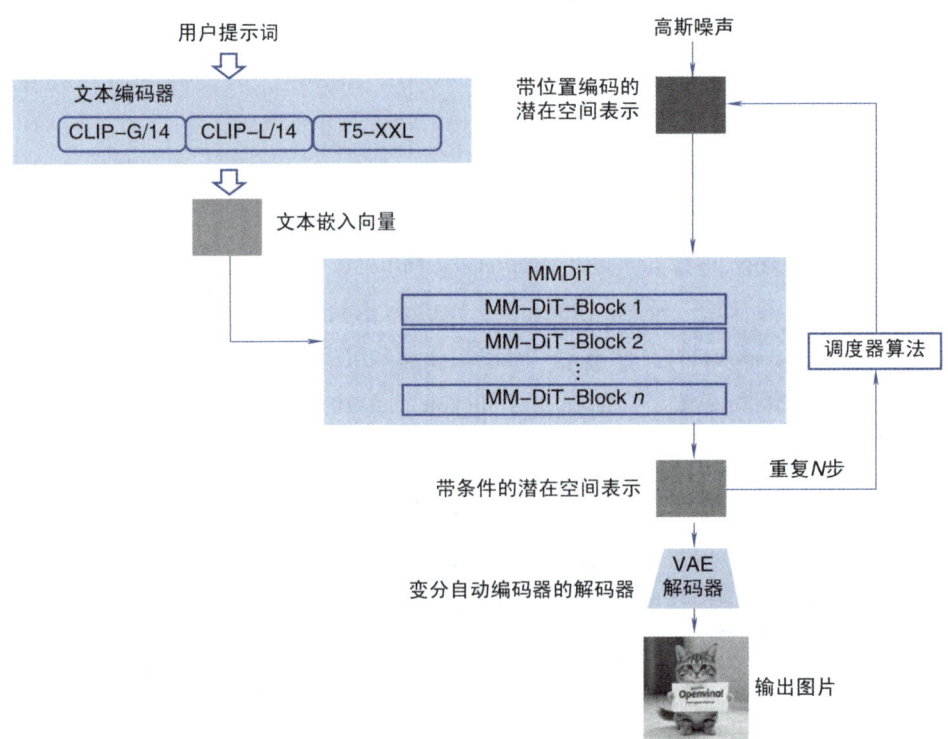

图 8-5　SD3 Medium 模型推理计算构架图

用 OpenVINO™ 转换 SD3 Medium 模型，将获得以下 OpenVINO IR 格式的 3 个模型。

- 文本编码器模型：text_encoder.xml&bin、text_encoder_2.xml&bin。

- Transformer 模型：transformer.xml&bin。
- VAE 解码器模型：vae_decoder.xml&bin。

接下来，详述其步骤。

8.3.1 搭建开发环境

在部署 SD3 Medium 模型前，首先需要搭建开发环境：

```
conda create -n sd3_ov python=3.11          # 创建虚拟环境
conda activate sd3_ov                        # 激活虚拟环境
python -m pip install --upgrade pip          # 升级 pip 到最新版本
pip install diffusers sentencepiece openvino nncf torch transformers protobuf opencv-python pillow peft --extra-index-url https://download.pytorch.org/whl/cpu
```

8.3.2 下载权重文件到本地

可从魔搭社区下载 SD3 Medium 的权重文件：sd3_medium_incl_clips.safetensors，下载链接为 https://www.modelscope.cn/models/AI-ModelScope/stable-diffusion-3-medium。

sd3_medium_incl_clips.safetensors 权重文件包含除 T5-XXL 文本编码器以外的所有必要权重。在推理计算过程中，去掉47亿参数的 T5-XXL 文本编码器，可以在仅损失一点点图片生成质量的同时，极大地提升推理速度。

8.3.3 导出 SD3 Medium 的 OpenVINO™ IR 格式模型

OpenVINO™ 提供以下两个函数用于将 PyTorch 格式模型转换并保存为 OpenVINO™ IR 格式模型。

- ov.convert_model()：把 PyTorch 格式模型转换为 ov.Model 类型的实例。
- ov.save()：把 ov.Model 类型的实例以文件形式保存到硬盘。

SD3 Medium 模型需要转换并保存的模型和组件如下。

- Transformer 架构的 MMDiT，简记为"transformer"。
- 文本编码器 CLIP-G/14，简记为"text_encoder"。
- 文本编码器 CLIP-L/14，简记为"text_encoder_2"。
- 文本编码器 T5-XXL，简记为"text_encoder_3"，如前所述，本例选择不导出。
- 配套 CLIP-G/14 的分词器，简记为"tokenizer"。
- 配套 CLIP-L/14 的分词器，简记为"tokenizer_2"。
- 配套 T5-XXL 的分词器，简记为"tokenizer_3"，本例选择不导出。
- Stable Diffusion 3 模型逐步去噪生成图像的调度器，简记为"scheduler"。

使用 OpenVINO™ 转换 PyTorch 格式的 SD3 Medium 模型的主要步骤如下。

1）加载 SD3 Medium 模型的预训练权重。
2）将模型中的各个组件转换为 OpenVINO™ IR 格式模型，并保存这些模型。

完整代码如代码清单 8-1 所示。

代码清单 8-1　sd3_export_ov.py

```python
import torch
from diffusers import StableDiffusion3Pipeline
import openvino as ov
###################################################################
#                  加载 SD3 Medium 模型的预训练权重
###################################################################
# 指定 Stable Diffusion 3 模型文件路径
sd3_model_file = r"d:\sd3_medium_incl_clips.safetensors"
# 从单个文件加载 Stable Diffusion 3 Pipeline，设置数据类型为 float32，并且不加载第三个文本编码器
pipe = StableDiffusion3Pipeline.from_single_file(
    sd3_model_file,
    torch_dtype=torch.float32,
    text_encoder_3=None
)
###################################################################
#  将模型中的各个组件转换为 OpenVINO™ IR 格式模型，并保存这些模型
###################################################################

# 获取 Pipeline 中的 Transformer 模块，并设置为评估模式
transformer = pipe.transformer
transformer.eval()

# 使用 torch.no_grad() 来禁用梯度计算，加快模型推理速度
with torch.no_grad():
    # 将 Transformer 模块转换为 OpenVINO 模型
    ov_transformer = ov.convert_model(
        transformer,
        example_input={  # 提供示例输入以帮助 OpenVINO 优化模型
            "hidden_states": torch.zeros((2, 16, 64, 64)),
            "timestep": torch.tensor([1, 1]),
            "encoder_hidden_states": torch.ones([2, 154, 4096]),
            "pooled_projections": torch.ones([2, 2048]),
        },
    )
# 保存转换后的 OpenVINO 模型
ov.save_model(ov_transformer, "transformer.xml")
print("Transformer is exported successfully!")  # 输出转换成功的消息

# 获取 Pipeline 中的第一个文本编码器，并设置为评估模式
text_encoder = pipe.text_encoder
text_encoder.eval()

# 使用 functools.partial 修改 forward 方法以返回隐藏状态和字典形式的结果
from functools import partial
```

```python
    with torch.no_grad():
        text_encoder.forward = partial(text_encoder.forward, output_hidden_states=True, return_dict=False)
        # 将第一个文本编码器转换为 OpenVINO 模型
        ov_text_encoder = ov.convert_model(text_encoder, example_input=torch.ones([1, 77], dtype=torch.long))
    # 保存转换后的 OpenVINO 模型
    ov.save_model(ov_text_encoder, "text_encoder.xml")
    print("text_encoder is exported successfully!")   # 输出转换成功的消息

    # 获取 Pipeline 中的第二个文本编码器,并设置为评估模式
    text_encoder_2 = pipe.text_encoder_2
    text_encoder_2.eval()

    with torch.no_grad():
        text_encoder_2.forward = partial(text_encoder_2.forward, output_hidden_states=True, return_dict=False)
        # 将第二个文本编码器转换为 OpenVINO 模型
        ov_text_encoder_2 = ov.convert_model(text_encoder_2, example_input=torch.ones([1, 77], dtype=torch.long))
    # 保存转换后的 OpenVINO 模型
    ov.save_model(ov_text_encoder_2, "text_encoder_2.xml")
    print("text_encoder_2 is exported successfully!")   # 输出转换成功的消息

    # 获取 Pipeline 中的 VAE 解码器,并设置为评估模式
    vae = pipe.vae
    vae.eval()

    with torch.no_grad():
        # 修改 forward 方法为 decode 方法
        vae.forward = vae.decode
        # 将 VAE 解码器转换为 OpenVINO 模型
        ov_vae = ov.convert_model(vae, example_input=torch.ones([1, 16, 64, 64]))
    # 保存转换后的 OpenVINO 模型
    ov.save_model(ov_vae, "vae_decoder.xml")
    print("vae is exported successfully!")   # 输出转换成功的消息

    # 保存 Pipeline 中的分词器
    pipe.tokenizer.save_pretrained("tokenizer")
    # 保存 Pipeline 中的第二个分词器
    pipe.tokenizer_2.save_pretrained("tokenizer_2")
    # 保存 Pipeline 中的调度器
    pipe.scheduler.save_pretrained("scheduler")
    # 输出转换成功的消息
    print("tokenizer, tokenizer_2 and scheduler are exported successfully!")
```

sd3_export_ov.py 执行成功后,会得到 OpenVINO™ IR 格式的 SD3 Medium 模型文件,如图 8-6 所示。

名称	修改日期	类型	大小
scheduler	2024/7/28 17:19	文件夹	
tokenizer	2024/7/28 17:19	文件夹	
tokenizer_2	2024/7/28 17:19	文件夹	
sd3_export_ov.py	2024/7/29 9:55	Python 源文件	4 KB
transformer.bin	2024/7/29 10:03	BIN 文件	4,072,171...
transformer.xml	2024/7/29 10:03	XML 文件	2,664 KB
text_encoder.bin	2024/7/29 10:04	BIN 文件	241,506 KB
text_encoder.xml	2024/7/29 10:04	XML 文件	522 KB
text_encoder_2.bin	2024/7/29 10:05	BIN 文件	1,356,759...
text_encoder_2.xml	2024/7/29 10:05	XML 文件	1,306 KB
vae_decoder.bin	2024/7/29 10:06	BIN 文件	96,769 KB
vae_decoder.xml	2024/7/29 10:06	XML 文件	380 KB

图 8-6　SD3 Medium IR 格式模型

8.3.4　编写推理代码，实现一键生成创意海报

导出 SD3 Medium IR 格式模型后，使用 OpenVINO™ 的 core.compile_model() 方法载入模型，并通过 OVStableDiffusion3Pipeline 类创建 SD3 Medium 模型的工作流水线以执行图片生成的推理计算。最后，将生成的图片自动合并到海报背景中，实现一键生成创意海报。

整个过程的典型步骤如下。

1）使用 core.compile_model() 方法载入模型到指定的计算设备，如 GPU。
2）使用 OVStableDiffusion3Pipeline 类创建 SD3 Medium 模型的工作流水线。
3）执行流水线 ov_pipe，生成图片。
4）将生成的图片保存，并将其合并到海报背景中。

完整代码如代码清单 8-2 所示。

代码清单 8-2　sd3_ov_infer.py

```
import torch
import openvino as ov
from sd3ov import OVStableDiffusion3Pipeline  # 导入自定义的 SD3 OpenVINO Pipeline 类
from diffusers.schedulers import FlowMatchEulerDiscreteScheduler
from transformers import AutoTokenizer


###########################################################
# 使用 core.compile_model() 方法载入模型到指定的计算设备
###########################################################
# 初始化 OpenVINO 的核心组件
core = ov.Core()
# 设置 OpenVINO 编译模型时的配置参数,这里优先考虑低延迟
```

```python
ov_config = {"PERFORMANCE_HINT": "LATENCY", "NUM_STREAMS": "1", "CACHE_DIR": "./cache"}
device = "GPU"   # 设定运行设备为 GPU
print("Loading transformer... ")            # 输出提示信息
# 编译并载入 Transformer 模型
transformer = core.compile_model("transformer.xml", device, ov_config)
# 更新配置参数以提高精度
ov_config["INFERENCE_PRECISION_HINT"] = "f32"
print("Loading text_encoder... ")           # 输出提示信息
# 编译并载入 Text Encoder 模型
text_encoder = core.compile_model("text_encoder.xml", device, ov_config)
print("Loading text_encoder_2... ")         # 输出提示信息
# 编译并载入 Text Encoder 2 模型
text_encoder_2 = core.compile_model("text_encoder_2.xml", device, ov_config)
text_encoder_3 = None    # 第三个 Text Encoder 未使用
print("Loading vae_decoder... ")            # 输出提示信息
# 编译并载入 VAE Decoder 模型
vae = core.compile_model("vae_decoder.xml", device, ov_config)

##################################################################
# 使用 OVStableDiffusion3Pipeline 类创建 SD3 Medium 模型的工作流水线
##################################################################
# 构建 OpenVINO 版本的 Stable Diffusion 3 Pipeline
print("Building OpenVINO SD3 Pipeline... ")
scheduler = FlowMatchEulerDiscreteScheduler.from_pretrained("scheduler")   # 加载调度器
tokenizer = AutoTokenizer.from_pretrained("tokenizer")        # 加载第一个分词器
tokenizer_2 = AutoTokenizer.from_pretrained("tokenizer_2")    # 加载第二个分词器
tokenizer_3 = None   # 第三个分词器未使用
ov_pipe = OVStableDiffusion3Pipeline(transformer, scheduler, vae, text_encoder, tokenizer,
text_encoder_2, tokenizer_2, text_encoder_3, tokenizer_3)

##################################################################
# 执行流水线 ov_pipe,生成图片
##################################################################
print("Generating image... ")
prompt = "a photo of a cat holding a sign that says: Hello OpenVINO! The OpenVINO font color is purple"
image = ov_pipe(    # 生成图像
    prompt=prompt,
    negative_prompt="",
    num_inference_steps=28,
    guidance_scale=5,
    height=512,
    width=512,
    generator=torch.Generator().manual_seed(1212),    # 设置随机种子
).images[0]
# 保存生成的图像
print("Saving sd3_no_T5_ov.png... ")
image.save("sd3_no_T5_ov.png")
```

```python
###################################################################
# 将生成的图片保存并合并入海报背景图片
###################################################################
from PIL import Image, ImageDraw, ImageFont
# 生成新海报
print("Generating new poster...")
# 打开图像并更改分辨率为 1024×1024
sd3_img = Image.open("sd3_no_T5_ov.png").resize((1024, 1024))
# 打开海报背景图
poster = Image.open("bg.png")
# 创建一个新的画布
draw = ImageDraw.Draw(poster)
# 字体的格式
font = ImageFont.truetype("arial.ttf", 40)   # 使用系统中存在的字体文件和字体大小
# 在指定位置写入文字 (x, y, 文字, 字体, 填充颜色)
prompt = "a photo of a cat holding a sign that says: \nHello OpenVINO! The OpenVINO font color is purple"
draw.text((280, 1750), prompt, font=font, fill=(255, 0, 0))   # 在海报上写入文字
# 插入图片
paste_position = (int(110), int(665))
poster.paste(sd3_img, paste_position)   # 将生成的图片粘贴到海报上
# 保存修改后的海报
print("Saving new_poster.png... ")
poster.save("new_poster.png")
```

sd3_ov_infer.py 执行结果，如图 8-7 所示。

图 8-7　一键生成创意海报

8.4　本章小结

本章首先介绍了生成式人工智能中用于文本到图像生成的扩散模型的核心概念，以及在潜空间中实施前向与反向扩散过程的潜在扩散模型架构。随后，深入探讨了基于这一架构的知名开源模型系列——Stable Diffusion 及其技术发展。最后，本章展示了如何利用 OpenVINO™ 将 SD3 Medium 模型从 PyTorch 格式转化为 IR 格式，并提供了使用 OpenVINO™ API 实现一键生成创意海报的应用实例。

第 9 章
多模态大模型的优化与部署

在当今人工智能领域，多模态 AI 逐渐成为推动创新与提升 AI 交互性能的重要技术之一。多模态 AI 能够处理文本、图像、音频和视频等多种数据类型，并综合这些信息进行更深层次的环境理解。这种能力不仅模仿了人类的多感官信息处理方式，还大大提高了 AI 在复杂场景中的应用潜力。然而，多模态 AI 系统的复杂性也对其推理性能提出了更高的要求。为了解决这一问题，英特尔推出的 OpenVINO™ 工具套件为优化和加速多模态 AI 模型的推理提供了高效的解决方案。本章将通过介绍 LLaVA-NeXT 模型，展示如何利用 OpenVINO™ 实现多模态模型的优化与部署，并讨论其在实际应用中的潜在价值。阅读本章前，请先复制本书的范例代码仓到本地：

```
git clone https://github.com/openvino-book/openvino_handbook.git
```

9.1 单模态 AI 简介

要理解多模态 AI 的优势，首先需要了解单模态 AI。单模态 AI 是指仅处理单一类型数据的人工智能系统，如仅处理图像的图像识别模型，或仅处理文本的自然语言处理模型。这种方法虽然在特定任务中表现出色，但其在复杂的、多维环境中会存在局限。例如，图像识别系统可能无法理解图片中的文字，而文本处理系统可能无法识别图像中的视觉信息。这种"单一视角"使得单模态 AI 难以应对需要跨领域信息整合的复杂任务。

在日常生活中，很多场景都需要处理多种类型的数据。例如，智能客服系统可能需要同时理解用户的问题（文本）和手写票据（图像），而自动驾驶系统则需要同时分析道路上的视觉数据、声音信号（如车鸣声）以及传感器数据。因此，随着 AI 在更多现实应用中的发展需求，单模态 AI 逐渐暴露出其局限性，进而推动了多模态 AI 的发展。

9.2 转向多模态 AI 的必要性

多模态 AI 旨在突破单模态 AI 的局限性，通过同时处理来自多种来源的数据，达到对环境的全面理解。多模态 AI 不仅是将多个数据源简单组合，而是通过深度学习模型整合不同类型的数据，使它们能够相互补充，形成一个整体的认知系统。

这种系统的强大之处在于其更接近于人类的感知和认知能力。例如，人类在解释场景时，往往是通过视觉、听觉、触觉等多种感觉共同作用来理解环境。类似地，多模态 AI 通过综合视觉、听觉和文本信息，使其能够进行更复杂的场景分析和决策，如图 9-1 所示。

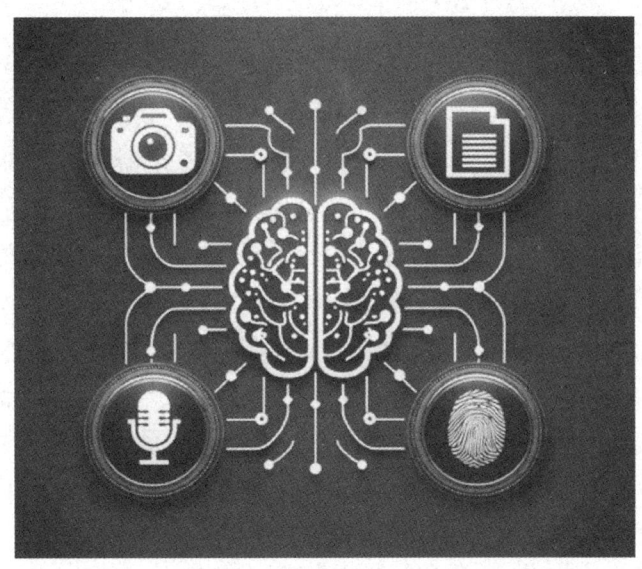

图 9-1　多模态 AI 示意图

以下是多模态 AI 相较于单模态 AI 的一些主要优势。
- **丰富的数据处理能力**：多模态 AI 能够同时处理不同的数据类型，整合视觉、文本、音频等多种信息，为复杂问题提供更全面的理解。例如，在医学领域，多模态 AI 可以结合病历文本、医学影像和医生的语音记录，从而对患者病情做出更准确的判断。
- **提升准确性**：多模态 AI 通过验证不同来源的数据，降低了错误信息或噪声带来的影响，增强了系统的准确性。例如，基于文本的情感分析可能会因为语气或上下文的缺失而误判，而结合视觉信息（如面部表情）可以帮助系统更准确地识别情绪。
- **增强的鲁棒性**：多模态 AI 在某一数据源丢失或受到干扰的情况下，依然可以继续工作。例如，在自动驾驶中，如果摄像头由于光照条件不佳而无法清晰捕捉到图像，系统仍然可以依赖雷达或激光传感器的数据进行决策。

9.3　优化和部署 LLaVA-NeXT 多模态模型

LLaVA-NeXT（Large Language and Vision Assistant — Next Generation）是一款先进的多模态模型，专为图像与语言的复杂推理任务而设计。不同于专注于文档视觉问答（DocVQA）的 Pix2Struct 模型，LLaVA-NeXT 将大语言模型与视觉编码器（如 CLIP）相结合，打造出一个通用的视觉助理。该模型能够同时处理语言和图像指令，执行多种现实世界任务，非常适合构建复杂的多模态聊天机器人。

LLaVA-NeXT 具备增强的光学字符识别（OCR）能力和更广泛的世界知识，是在图像上进行高级语言推理的重大突破。其复杂的结构要求进行详细的量化步骤，以使用 OpenVINO™ 和 NNCF（神经网络压缩框架）进行优化。通过这种方式，开发者可以创建一个性能强大、能够处理多模态数据的聊天机器人。

LLaVA-NeXT 的实际应用场景如下。

- 多模态聊天机器人：LLaVA-NeXT 的设计使其非常适合开发多模态聊天机器人。这种机器人能够处理语言和图像输入，并生成上下文相关的响应。例如，在电子商务平台中，用户可以上传产品图片并提出问题，机器人则能够理解图片内容并给出有用的建议。
- 文档处理与 OCR 任务：LLaVA-NeXT 的增强 OCR 能力使其在处理复杂文档和图像中的文本信息时非常高效。它能够轻松识别各种分辨率和格式的文档，并准确提取出有用的信息。这种能力在医疗记录分析、法律文档处理等方面有着广泛的应用前景。
- 视频理解与实时分析：LLaVA-NeXT 的一个重要功能是其处理视频输入的能力，能够为视频中的时空信息生成详细的注释。它在视频分析任务中超越了许多主流模型，可广泛应用于智能监控、自动驾驶视频分析等场景，为用户提供更丰富的实时信息反馈。
- 零样本和多样本学习：LLaVA-NeXT 还展示了强大的上下文学习能力，可以处理复杂的语言和图像推理任务。它能够通过有限的样本生成高质量的输出，特别适合需要灵活处理不同数据的场景，如视觉问答系统和多模态搜索引擎。

接下来，依次详述如何转换和优化 LLaVA-NeXT 模型，然后创建一个多模态聊天机器人。此外，还将探讨如何在大语言模型部分应用有状态转换，以及使用 NNCF 进行权重压缩和量化等模型优化技术。

9.3.1 搭建开发环境

首先，设置开发环境以使用 OpenVINO™ 工具套件。这包括安装 OpenVINO™ 工具套件以及支持 LLaVA-NeXT 模型所需的相关库和依赖项。

```
conda create-n llava_ov python=3.11        # 创建虚拟环境
conda activatellava_ov                      # 激活虚拟环境
python -m pip install --upgrade pip         # 升级 pip 到最新版本
pip install -q "openvino>=2024.0.0" "nncf>=2.9.0" "torch>=2.1" "transformers>=4.39.1" "accelerate" "pillow" "gradio>=4.26" "datasets>=2.14.6" "tqdm" --extra-index-url https://download.pytorch.org/whl/cpu
```

9.3.2 下载权重文件到本地

可从魔搭社区下载 LLaVA-NeXT 的权重文件 model-00001-of-00004.safetensors ~ model-00004-of-00004.safetensors，下载链接为 https://www.modelscope.cn/models/swift/llava-v1.6-mistral-7b-hf，然后存储到名为"llava-v1.6-mistral-7b-hf"的文件夹中。

LLaVA-NeXT 专为处理复杂的语言和视觉任务而设计，需要进行详细的定制化操作。它包含多个需要在优化过程中单独处理的组件。
- 图像编码器：管理视觉输入，通常基于 CLIP 这样的高级视觉模型。
- 输入嵌入：负责有效地嵌入输入文本。
- 语言模型：基于对视觉和文本数据的综合理解来生成响应。

代码清单 9-1 演示了如何加载该模型。

代码清单 9-1　加载模型

```
# 导入 LLaVA-NeXT 处理器和用于条件生成的 LLaVA-NeXT 模型类
from transformers
import LlavaNextProcessor, LlavaNextForConditionalGeneration

# 从预训练模型中加载 LLaVA-NeXT 处理器(用于对输入数据进行预处理)
processor = LlavaNextProcessor.from_pretrained("./llava-v1.6-mistral-7b-hf")

# 从预训练模型中加载 LLaVA-NeXT 用于条件生成的模型(用于处理多模态输入并生成输出)
model = LlavaNextForConditionalGeneration.from_pretrained("./llava-v1.6-mistral-7b-hf")
```

此代码片段正确加载了 LLaVA-NeXT 模型，确保从语言处理到图像理解的所有组件都已加载，并准备好进行进一步的转换和优化。

9.3.3　模型转换为 OpenVINO™ IR 格式

由于 LLaVA-NeXT 模型结构复杂，因此需要分别优化其 3 个主要组件：图像编码器、文本输入嵌入和语言模型。OpenVINO™ 通过其模型转换 API 支持将 PyTorch 模型转换为 OpenVINO IR 格式。ov.convert_model 函数接收原始 PyTorch 模型实例和示例输入，用于跟踪模型，返回可保存为部署的 ov.model。

- 图像编码器：通常是预训练的视觉模型，如 CLIP，通过 OpenVINO™ 转换为 IR 格式。此步骤确保模型能够在支持 OpenVINO™ 的平台上高效处理视觉输入。完整代码如代码清单 9-2 所示。

代码清单 9-2　图像编码器模型转换及保存

```
# 将模型转换为 OpenVINO IR 格式
ov_image_encoder = ov.convert_model(image_encoder_model,example_input = torch.zeros((1, 5, 3, 336, 336)))

# 将转换好的模型保存在本地
ov.save_model(ov_image_encoder, IMAGE_ENCODER_PATH)
```

- 文本输入嵌入：将文本输入转换为适合处理的格式，并针对处理文本数据进行了单独优化，如代码清单 9-3 所示。

代码清单 9-3　文本输入嵌入模型转换及保存

```
# 将模型转换为 OpenVINO IR 格式
ov_input_embeddings_model = ov.convert_model(input_embedding_model,example_input = torch.ones((2, 2), dtype = torch.int64))
```

```python
# 将转换好的模型保存在本地
ov.save_model(ov_input_embeddings_model, INPUT_EMBEDDING_PATH)
```

- 语言模型：该模型综合处理来自图像编码器和文本输入嵌入的输入，并生成连贯且上下文相关的文本响应。

为了优化性能，OpenVINO™利用了以下两个高级功能。

- 缓存机制：使用 Transformers 库中的参数 use_cache = True 和 past_key_values，缓存并重复使用隐藏状态，从而减轻计算负担。
- 有状态模型转换：将模型转换为有状态模型，内部管理缓存张量，在推理过程中减少输入/输出的开销，如代码清单 9-4 所示。

代码清单 9-4　有状态模型转换

```python
def make_stateful(
    ov_model: ov.Model,                          # OpenVINO 模型实例
    not_kv_inputs: List[str],                    # 非键值输入的名称列表
    key_value_input_names: List[str],            # 键值输入的名称列表
    key_value_output_names: List[str],           # 键值输出的名称列表
    batch_dim:int,                               # 批量维度的索引
    num_attention_heads:int,                     # 注意力头的数量
    num_beams_and_batch:int = None,              # 可选参数,表示束搜索中的 beam 数和批量大小的结合维度
):
    # 从 OpenVINO 库导入用于将模型转换为有状态模型的函数
    from openvino._offline_transformations import apply_make_stateful_transformation
```

9.3.4　使用 OpenVINO™ 进行量化优化

使用 NNCF 进行权重压缩，以减少内存占用并提高语言模型的推理性能。该方法对大规模内存模型（如 LLM）非常有效。

- INT4 压缩：对语言模型应用 NNCF 的 4 位权重压缩，减少内存消耗并提高执行速度。虽然精度降低可能稍微影响预测质量，但对大模型的高效部署至关重要，如代码清单 9-5 所示。

代码清单 9-5　NNCF 对语言模型进行 INT4 权重压缩

```python
import nncf
# 导入 NNCF 库,用于神经网络压缩

compression_configuration = {
    "mode": nncf.CompressWeightsMode.INT4_SYM,    # 设置压缩模式为 INT4 对称压缩
    "group_size": 64,                             # 设置组大小为 64,用于批量处理权重
    "ratio": 0.6,                                 # 压缩比率,表示压缩后保留 60% 的权重精度
}
```

```
# 检查是否启用了权重压缩
    # 如果启用了压缩,并且 INT4 压缩模型尚不存在,则进行以下操作
if to_compress_weights.value and not LANGUAGE_MODEL_PATH_INT4.exists():

    # 从指定的路径读取 OpenVINO 模型
    ov_model = core.read_model(LANGUAGE_MODEL_PATH)

    # 使用配置的压缩参数进行模型权重压缩
    ov_compressed_model = nncf.compress_weights(ov_model, **compression_configuration)

    # 保存压缩后的模型为 INT4 格式,并存储到指定路径
    core.save_model(ov_compressed_model, LANGUAGE_MODEL_PATH_INT4)
```

- INT8 量化:对图像编码器进行后训练量化,通过降低运算精度至 8 位来优化推理速度,如代码清单 9-6 所示。

代码清单 9-6　NNCF 对图像编码器进行 INT8 后训练量化压缩

```
# 加载量化前的模型
ov_model = core.read_model(IMAGE_ENCODER_PATH)

# 准备量化所需的校准数据集
calibration_dataset = nncf.Dataset(calibration_data)

# 执行量化过程
quantized_model = nncf.quantize(
    model=ov_model,                                  # 要量化的模型
    calibration_dataset=calibration_dataset,         # 校准数据集用于模型的量化调整
    model_type=nncf.ModelType.TRANSFORMER,           # 指定模型类型为 Transformer
    subset_size=len(calibration_data),               # 使用校准数据的大小
    # 使用平滑量化参数,控制量化平滑度
    advanced_parameters=nncf.AdvancedQuantizationParameters(smooth_quant_alpha=0.6)
)

# 保存量化后的模型用于部署
ov.save_model(quantized_model, IMAGE_ENCODER_PATH_INT8)
```

虽然 INT4 压缩通过进一步降低精度提供了更大的性能提升,但它对模型精度的影响比 INT8 更加显著。然而,NNCF 的权重压缩(特别是 INT4)的一个重要优势在于它是数据无关的,不需要校准数据集,从而简化了压缩过程。

9.3.5　设备选择与配置

选择适当的推理硬件设备对性能优化至关重要。可通过配置 OpenVINO™ 运行时,使用特定设备(如 CPU、GPU 或 NPU)来提升推理速度,满足不同应用需求,如图 9-2 所示。

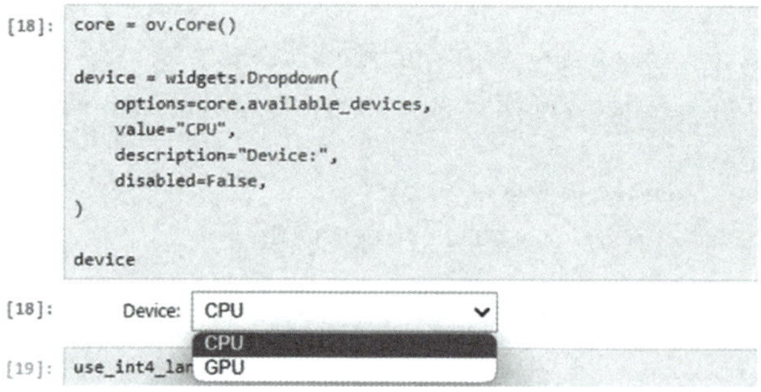

图 9-2 推理设备选择

9.3.6 推理流水线设置

设置推理流水线是配置推理设置并准备模型以有效运行预测的关键步骤。此过程利用 OVLlavaForCausalLM 类生成上下文相关的响应，如图 9-3 所示。

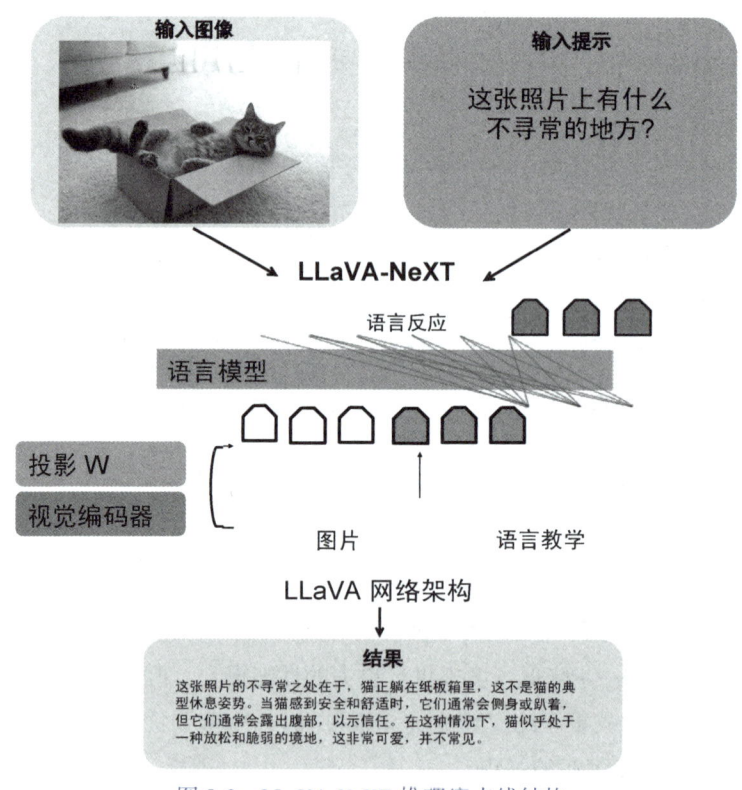

图 9-3 LLaVA-NeXT 推理流水线结构

9.3.7 运行推理并展示结果

通过 Gradio 界面，用户可以输入文本和图像以与多模态聊天机器人进行交互，展示 LLaVA-NeXT 是如何处理复杂的语言和视觉任务的，如图 9-4 所示。

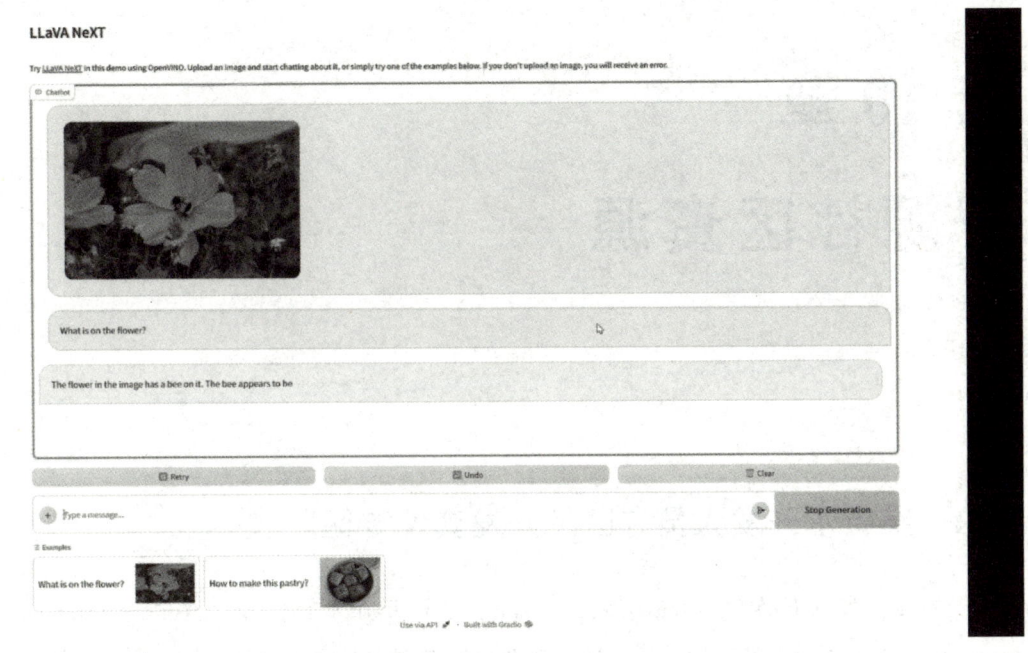

图 9-4　一键运行图文问答

9.4　本章小结

在本章中，介绍了如何通过 OpenVINO™ 将 LLaVA-NeXT 模型转换为有状态模型，以提升其推理性能。通过使用缓存机制和有状态模型转换技术，开发者能够显著减轻计算负担和减少输入/输出开销，实现更高效的大语言模型推理。此外，还展示了如何使用 NNCF 进行模型量化与权重压缩，以进一步优化模型的内存使用和推理速度。通过这些优化步骤，LLaVA-NeXT 模型可以更好地适应实际应用场景，为多模态任务提供强大的支持。

第 10 章 开源社区资源

10.1 英特尔开发人员专区及开发套件专区

英特尔开发人员专区（https://intel.csdn.net/）及开发套件专区（https://inteldevkit.csdn.net/）为开发者提供多种实用资源，旨在帮助开发者更有效地使用英特尔技术进行创新和开发。

- 英特尔芯片+AI PC 落地技术文档和指南：提供详细的技术文档、教程和最佳实践，指导开发者利用英特尔技术进行开发。
- 开源代码示例和库：提供示例代码和库，帮助开发者了解如何在其 AI 项目中使用英特尔技术。
- 论坛和社区支持：AI 开发者可在论坛上提问、分享经验，并与其他开发者交流。
- 培训和教育资源：包括英特尔认证的在线课程（含代码实操）、线上研讨会和技术讲座，旨在提升开发者的技能和知识水平。
- 最新技术动态：提供关于英特尔最新技术和产品的信息，使开发者能够跟上技术发展的步伐。

10.2 "英特尔物联网"公众号

关注"英特尔物联网"官方公众号，它是芯片 AIoT 领域的技术风向标，为读者提供最新、最热门的行业动态、技术解析和案例分享。

- 技术前瞻：紧跟英特尔在物联网、人工智能、边缘计算等领域的创新步伐，帮助读者把握行业发展脉络。
- 解决方案：为读者提供英特尔物联网解决方案，包括硬件产品、软件开发工具等，分享丰富的技术文章、教程和最佳实践，帮助读者提升专业技能，助力项目快速落地。
- 互动交流：参与线上、线下活动，与行业专家、同行精英互动，拓展人脉，共谋发展。

10.3 "英特尔创新大使"计划

"英特尔创新大使"计划面向全球 AIoT 等领域技术人才,只要你有专业知识、创新项目,以及善于分享,都可加入该计划。该计划将提供一个展示个人风采的舞台,以及和更多行业合作伙伴交流的平台。

加入该计划,不仅会获得英特尔官方证书和大使礼包,还能不断提升个人专业技能,增加影响力,获得更多和同领域专家交流的机会。

该计划申请链接:https://www.intel.cn/content/www/cn/zh/developer/community/edge-innovator-program.html。